SAMMLUNG GÖSCHEN BAND 1161

DAS TIERREICH

Redigiert von H. v. Lengerken

IV/2

SPINNENTIERE
(Trilobitomorphen, Fühlerlose)
UND TAUSENDFÜSSLER

von

DR. ALFRED KAESTNER
o. Professor für Zoologie
an der Humboldt-Universität Berlin

Mit 55 Abbildungen

WALTER DE GRUYTER & CO.
vormals G. J. Göschen'sche Verlagshandlung · J. Guttentag, Verlagsbuchhandlung · Georg Reimer · Karl J. Trübner · Veit & Comp.
BERLIN 1955

Archiv-Nr. 11 11 61
Satz und Druck von Buchdruckerei Oswald Schmidt KG
Leipzig III/18/65
Printed in Germany
722/50/50

DAS TIERREICH
IN DER SAMMLUNG GÖSCHEN

ist wie folgt gegliedert:

Bd. I. Einzeller.

Bd. II. Schwämme und Hohltiere.

Bd. III. Plattwürmer, Hohlwürmer, Kamptozoen, Schnurwürmer, Ringelwürmer, Protracheaten, Bärtierchen und Zungenwürmer.

Bd. IV. 1. Gliederfüßler: Krebse.

Bd. IV. 2. Gliederfüßler: Trilobitomorphen, Fühlerlose und Tracheenatmer: Tausendfüßler.

Bd. IV. 3. Gliederfüßler: Insekten.

Bd. V. Weichtiere.

Bd. VI. Stachelhäuter, Tentakulaten, Binnenatmer und Pfeilwürmer.

Bd. VII. 1. Chordatiere: Manteltiere, Schädellose, Rundmäuler.

Bd. VII. 2. Chordatiere: Fische.

Bd. VII. 3. Chordatiere: Lurche.

Bd. VII. 4. Chordatiere: Kriechtiere.

Bd. VII. 5. Chordatiere: Vögel.

Bd. VII. 6. Chordatiere: Säugetiere.

STÄMME DES TIERREICHES

1. Urtiere *(Protozoa)*
2. Schwämme *(Spongia)*
3. Hohltiere *(Coelenterata)*
4. Plattwürmer *(Plathelminthes)*
5. Hohlwürmer *(Aschelminthes)*
6. Schnurwürmer *(Nemertini)*
7. Kamptozoen *(Kamptozoa, Entoprocta)*
8. Ringelwürmer *(Annelida)*
9. Protracheaten *(Protracheata, Onychophora)*
10. Bärtierchen *(Tardigrada)*
11. Zungenwürmer *(Linguatulida)*
12. Gliederfüßler *(Arthropoda)*
13. Weichtiere *(Mollusca)*
14. Stachelhäuter *(Echinodermata)*
15. Tentakulaten *(Tentaculata)*: Armfüßler *(Brachiopoda)* und Moostierchen *(Bryozoa)*
16. Binnenatmer *(Enteropneusta)*
17. Pfeilwürmer *(Chaetognatha)*
18. Chordatiere *(Chordata)*

INHALT
von Bd. IV/2

EINLEITUNG

12. Stamm **Gliederfüßler** *(Arthropoda)*,
   1. **Krebse** *(Branchiata, Crustacea)*,
   2. **Trilobitomorphen** *(Trilobitomorpha)*,
   3. **Fühlerlose** *(Chelicerata)*,
   4.[1] **Tracheenatmer** *(Tracheata, Antennata)*.
      Klasse Tausendfüßler *(Myriopoda)*,
      Klasse Insekten *(Insecta, Hexapoda)*.

TRILOBITOMORPHA, CHELICERATA, TAUSENDFÜSSLER
(Myriopoda)

Im vorliegenden Bändchen, das die Trilobitomorphen, die Fühlerlosen und die Tausendfüßler behandelt, sind auch die in den letzten 10 Jahren im Auslande erzielten Fortschritte der Wissenschaft nach Möglichkeit berücksichtigt worden. Grundsätzlich ist neben der Morphologie auch die Lebensweise der behandelten Gruppen geschildert, die gerade bei den Arachniden sehr eigenartig und in vielen Beziehungen interessant ist. Das Kernstück der Darstellung bildet der Abschnitt „Arachnida". Er gibt durch eine vergleichend anatomische Darstellung die Grundlage für ein tieferes Verständnis der Einzeltatsachen, die in den Spezialkapiteln für die Ordnungen aufgeführt werden. Es empfiehlt sich deshalb, diesen Teil zuerst zu lesen, zumal er auch die Erklärung der meisten Fachausdrücke enthält. Die letzteren sind auch ins Sachregister aufgenommen worden und deshalb leicht aufzufinden.

Um Platz zu sparen, sind im systematischen Teil Gattungen, die in Deutschland vorkommen, durch ein vorgedrucktes ° gekennzeichnet.

---

[1]) 1–4 Unterstämme.

2. UNTERSTAMM: TRILOBITOMORPHEN (*Trilobitomorpha*)

Dieser Unterstamm umfaßt eine große Anzahl bereits im Palaeozoikum ausgestorbener Gliederfüßler, die sich ebenso wie die *Chelicerata* (Schwertschwänze und Spinnentiere) dadurch auszeichnen, daß sie, im Gegensatz zu Krebsen und Tracheaten, keine echten Kaukiefer entwickeln. Ihr Vorderleib = [Proterosoma[1])] besteht aus 6 Abschnitten. Zuvorderst liegt das Akron[2]), also der Spitzenabschnitt des Körpers, der bei allen Gliederfüßlern niemals Extremitäten trägt, wohl aber die Augen und den vordersten Abschnitt des Gehirns, das Protocerebrum[3]), enthält. Darauf folgt ein praeorales[4]) Segment (= Körperring), das ein Fühlerpaar (Antennen) trägt. Dahinter liegt der Mund mit 4 postoralen[5]) Segmenten, die einfache Laufbeine ausgebildet haben. (Bei den Krebsen und Tracheaten dagegen sind meist 3, zumindest aber die ersten beiden hinter dem Mund liegenden Beinpaare zu Kiefern umgebildet worden.) Die wichtigste und am besten bekannte Gruppe des Unterstammes ist die

Klasse: TRILOBITEN (*Trilobita*)[6])

Kennzeichen: Kauende Kiefer fehlen. Wie bei vielen Spinnentieren setzt sich der vordere Körperabschnitt aus Akron + 4 postoralen Segmenten zusammen. Im Gegensatz zu den *Chelicerata* sind aber außerdem 1 Paar praeorale Fühler vorhanden, und sämtliche Segmente tragen voll ausgebildete, stabförmige Gliedmaßen, die in allen Körpergegenden grundsätzlich gleichartig geformt sind, also nie durch Teilnahme an der Mundbildung usw. irgendwelche Abweichungen in einzelnen Somiten[7]) zeigen. Diese Gleichartigkeit der Extremitäten ist innerhalb der Gliederfüßler völlig einzigartig.

Der Körper zerfällt in 3 Abschnitte: Kopf = Proterosoma, Thorax[8]) und Pygidium[9]). Das Proterosoma hat wie das Prosoma der Schwertschwänze Halbkreisform, auch liegt der Mund genau wie bei diesen Tieren weit vom Vorderrande entfernt auf der Unterseite. Die Oberseite ist in 3 Abschnitte zerlegt, wie

---

[1]) proteros = erster, soma = Körper. [2]) ake = Spitze. [3]) protos = der erste, cerebrum = Hirn. [4]) prae = vor, os, oris = Mund. [5]) post = nach. [6]) trilobos = 3lappig. [7]) soma = Körper(-abschnitt). [8]) thorax = Brust. [9]) pyge = Steiß.

der Name der Klasse besagt: 2 seitliche Wangen, die Facettenaugen tragen, und ein gewölbtes, viel schmaleres Mittelfeld [Glabella[1])]. Querfurchen auf der Glabella deuten die Grenzen der Segmente an, die den Kopf zusammensetzen. Im Gegensatz dazu besteht der Thorax aus scharf getrenn-

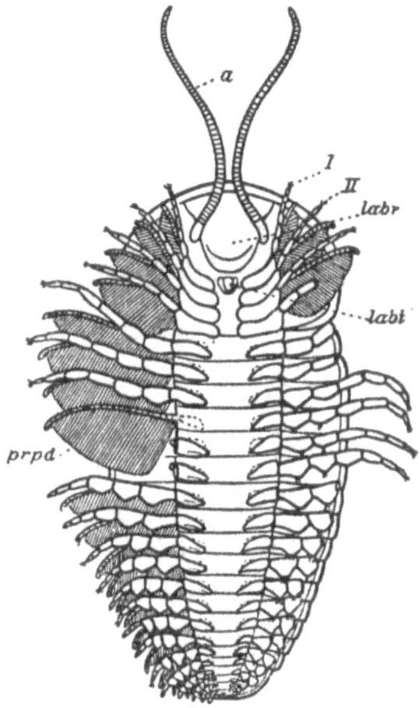

Abb. 1. *Triarthrus eatoni* Hall, von unten gesehen. Rekonstruiert. Nach Störmer. *a* Antenne; *labi Labium*; *labr Labrum* (Oberlippe); *prpd Praeepipodit* mit Kiemenfilamenten; I, II 1. und 2. Extremität.

ten Somiten, während die Ringe des Pygidiums wiederum fest miteinander verschmolzen sind. Die seitlichen Abschnitte des Kopfes (= Wangen) und der übrigen Segmente (= Pleurotergite[2]) stellen dünne Duplikaturen[3]) dar, die die Gliedmaßen überdachen. Ihre biologische Bedeutung ist wohl die

[1]) glabella = glatt. [2]) pleura = Seite, tergum = Rücken. [3]) duplicatio = Verdoppelung, eine aus oberer und unterer Hautdecke bestehende Falte des Körpers.

gleiche wie bei *Lepidurus* und *Limulus*. Die Beine heften unter der Körpermitte an. Ihre Praecoxa[1]) trägt zwei Äste: das Laufbein sowie einen lateralen, gegliederten Praeepipoditen[2]), dem eine Reihe von schmalen blattförmigen Kiemenblättern aufsitzt.

Mehrere tausend Arten, die vom Cambrium bis zum Perm

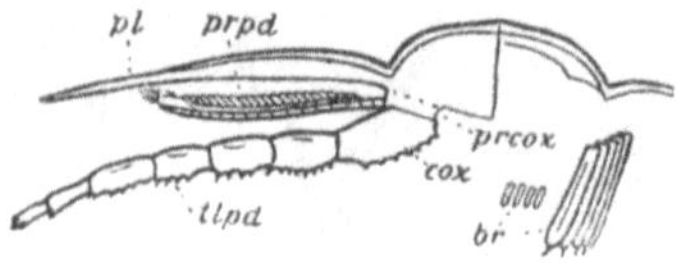

Abb. 2. *Neolenus serratus* Rominger. Querschnitt durch die linke Körperhälfte mit einem Bein. Nach Störmer. *cox* Coxa; *pl* Pleurotergit; *prcox* Praecoxa mit *prpd* Praeepipodit; *tlpd* Telopodit; *br* einige isolierte Lamellen der Kieme des Praeepipoditen und ihr Querschnitt.

gelebt haben. Zahl der Thoraxsegmente zwischen 2 und 40 schwankend. Körperlänge 1 bis 70 cm.

Verwandtschaft: Die Gleichmäßigkeit der Gliederung und Beinbildung sowie das Fehlen von Kiefern weisen auf nahe Beziehungen zu Ringelwürmern hin.

3. UNTERSTAMM: FÜHLERLOSE *(Chelicerata)*[3])

Gliederfüßler, die keine Fühler besitzen, sondern deren 1. Gliedmaßenpaar durch eine Chelicere dargestellt wird, die beim Embryo zwar hinter dem Munde entsteht, beim Erwachsenen aber vor dem Munde liegt. [Entspricht damit durchaus dem 2. Fühlerpaar der Krebse, das außerdem ebenfalls vom Tritocerebrum[4]) innerviert wird.] Kaukiefer sind niemals vorhanden.

1. Klasse: MEROSTOMEN *(Merostoma)*[5])

Wasserbewohnende *Chelicerata*, deren Vorderleib (Prosoma) 6 Paar stabförmige Gliedmaßen trägt, während die

[1]) prae = vor, coxa = Hüfte. [2]) epi = auf, pus, podos = Fuß. [3]) chele = Schere, keras = Horn. [4]) tritos = 3., cerebrum = Hirn. [5]) meros = Schenkel, stoma = Mund.

vorderen Segmente des Hinterkörpers (Opisthosoma)[1]) mit blattförmigen Extremitäten versehen sind, auf deren Hinterseite sich Kiemen befinden.

1. Unterklasse: *Xiphosura*, Schwertschwänze

Das stark chitinisierte (nicht verkalkte!) halbkreisförmige Prosoma ist zu einer großen, einheitlichen, glatten Grabschaufel und zugleich zu einem Schutzdach geformt. Seine seitlichen Abschnitte stellen nämlich Duplikaturen (= Ausfaltungen) dar,

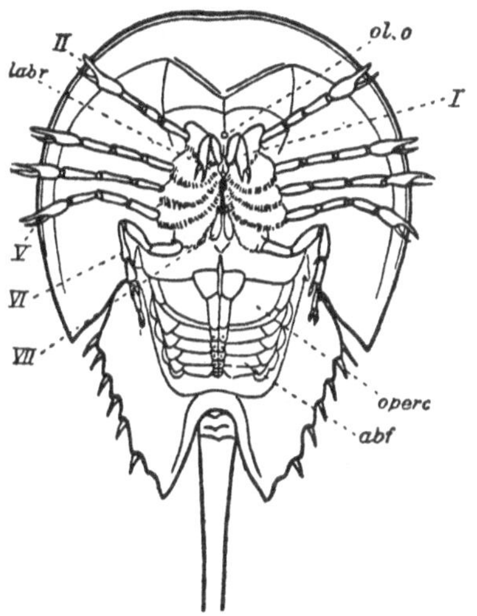

Abb. 3a. *Limulus polyphemus* L., von unten gesehen. Nach Störmer. *abf* Abdominalbeine; *labr Labrum*; *ol. o* chem. Sinnesorgan; *operc Operculum* (8. Extremität); II–VII Extremität 2–7. Rumpf 20 cm lang.

die die Gliedmaßen überdecken. Der Rücken trägt ein Paar seitliche Facettenaugen und 1 Paar sehr kleine mediane Linsenaugen. Auf der Unterseite des Prosoma finden wir – weit vom Vorderrande entfernt – den Mund, vor dem eine Oberlippe sowie 1 Paar 3gliedriger Cheliceren liegen. Darauf folgen – radiär um den Mundschlitz gestellt – 5 Paar Laufbeine, von denen die

[1]) opisthe = hinter.

4 vorderen Paare beim Weibchen mit Scheren endigen. Die Hüften dieser Gehextremitäten tragen eine mit starken Dornen besetzte Lade und sind fähig, Muscheln, Fleischstücken usw. dem Munde zuzuführen. Hinter dem 6. Extremitätenpaar steht in der Mittellinie des Körpers 1 bedorntes Spangenpaar unbekannter Funktion, die Chilaria[1]), die die nach vorn verschobene Extremität des Somiten 7 darstellen [Cephalisation![2])].

Der Hinterkörper besitzt wie das Prosoma eine einheitliche Rückendecke, deren Mittelzone genau wie bei den Trilobiten gewölbt ist, während die beiden Seitenteile eine flache Duplikatur bilden. Sein Rand ist mit einer Reihe von Ausschnitten versehen, die die Grenzen der Somite 8—14 (letzter dicht neben After) angeben. Auf der Unterseite des Opisthosoma liegen dachziegelartig übereinander 6 Paar in der Mittellinie verwachsene, blattförmige Extremitäten. Das erste Paar (dem Segment 8 zugehörig) trägt auf der Hinterseite die Geschlechtsöffnung. Die folgenden 5 Paare dagegen sind auf der Hinterseite ihrer seitlichen Abschnitte mit je etwa 150 wie die Blätter eines Buches übereinanderliegenden Kiemenblättern besetzt (Abb. 3 b).

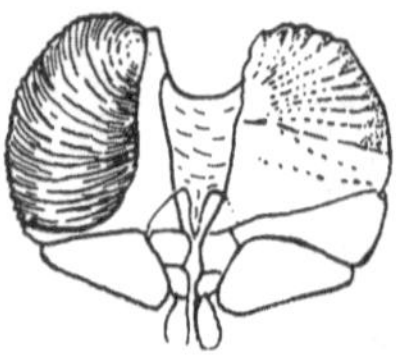

Abb. 3 b. *Limulus*. 9. Extremitätenpaar, von der Hinterseite gesehen. Die Kiemenlamellen sind auf der rechten Seite entfernt, um die Gliederung des Beines zu zeigen. Nach Lameere. 5 cm lang.

Am Hinterrand des Opisthosoma mündet der After aus. Darüber setzt sich als dorsaler Anhang [Telson[3])] ein langer beweglicher Schwanzstachel an, der lediglich einen Fortsatz des letzten (17.) Segmentes darstellt.

Die inneren Organe stimmen grundsätzlich in auffallender Weise mit denen der Arachniden überein. Das Nervensystem besteht aus einer großen, vom Oesophagus[4]) durchbohrten Nervenmasse, die aus Oberschlundganglion [Gehirn+Neuromer[5]) = Chelicerenganglion] und Unterschlundganglion (Neuromere 2 bis 8) besteht. Es sind also die Ganglien der Segmente 7 und 8 ins Prosoma eingewandert (Cephalisation!). Die Ganglien des 9.—16. Somiten aber liegen in Form einer paarigen Kette im Hinterkörper. Der Darm gliedert sich wie bei den Arachniden in einen chitinisierten Vorderdarm, auf den ein Mitteldarm

[1]) cheilos = Lippe. [2]) kephale = Kopf, also Kopfbildung. [3]) telson = Ende. [4]) oeso = werde bringen, phagein = essen, Speiseröhre. [5]) neuron = Nerv, meros = Abteilung = Ganglion eines Körperringes.

folgt, der 2 Paar Blindschläuche abgibt, die mit zahllosen Verästelungen das ganze Prosoma ausfüllen und der intracellularen Verdauung dienen. Der Enddarm, wie der Vorderdarm als Ektodermeinstülpung entstanden, ist wie dieser mit Chitin ausgekleidet. Die Exkretion wird im wesentlichen von stark abgeänderten Coxaldrüsen besorgt (vgl. S. 36). Der Kreislauf ist, entsprechend der Lokalisation der Atemorgane, sehr stark entwickelt. Das in einem dorsalen Perikard[1]) aufgehängte langgestreckte Herz besitzt 8 Paar Ostien[2]), von denen 2 im Prosoma liegen. Vorn geht es in eine mittlere Arterie und 2 seitliche Aortae über. Die letzteren ziehen zum Zentralnervensystem, geben von hier aus Zweige in dieses sowie an die Gliedmaßen 2 bis 8 ab sowie eine nach hinten auf der Nervenkette verlaufende Arteria spinalis, welche die Ventralseite und die Gliedmaßen des Opisthosoma versorgt. Die ganze Verzweigung stimmt weitgehend mit derjenigen der vorderen Aortae vieler Arachniden überein. Außerdem gehen unter den vorderen 4 Spaltenpaaren des Herzens Seitenarterien ab, die sich stark verzweigen. Aus den offenen Endigungen der Arterienäste ergießt sich das Blut in die Organzwischenräume und sammelt sich schließlich in 2 ventralen Längslakunen[3]). Von ihnen aus strömt es durch die Kiemen und besondere Kiemenvenen in den Herzbeutel, aus dem es durch die Ostien wieder ins Herz gesaugt wird. Die Geschlechtsorgane sind sehr stark netzartig zwischen den Darmdivertikeln verzweigt.

Die Entwicklung ist ausgezeichnet durch die Tatsache, daß die vorderen 4 Segmente in bezug auf die Bildungsweise des Cöloms wie auch der Gliedmaßen völlig von den übrigen Segmenten abweichen. Das zeigt, daß diese Segmente eine besondere Region darstellen, wohl ein Proterosoma, an das sich die Segmente 5 und 6 erst sekundär zur Ausbildung des schaufelartigen Prosoma angeschlossen haben. Insbesondere ist sehr auffällig, daß sich die beiden hinteren Laufbeine (Extremitäten der Somite 5 und 6) nicht in gleicher Weise anlegen wie die vorderen Laufbeine, sondern daß ihre Entstehung zunächst der der Blattbeine gleicht. Die aus den Eiern schlüpfende Larve von 7,5 mm Länge läßt noch keinen Schwanzstachel erkennen, hat aber deutliche Spuren einer Hinterleibsgliederung. Infolgedessen ähnelt sie äußerlich den Trilobiten. (Gliedmaßen aber ganz abweichend!)

---

[1]) peri = ringsum, kardia = Herz = Herzbeutel. [2]) os = Mund. [3]) lacus = Flußbett, Bluträume ohne eigene Wandung.

Limulus Müller mit 5 Arten, die bis 60 cm lang werden und an der atlantischen Küste Nordamerikas sowie in Südostasien leben. Schieben mit Hilfe des beweglichen Schwanzstachels und Hinterkörpers den glatten schaufelartigen Vorderkörper in den Schlamm und Sand hinein („Seemaulwurf") und fressen darin lebende Würmer sowie zartschalige Muscheln. Fossile Formen vom Silur bis Jura bekannt.

Verwandtschaft: Die Schwertschwänze sind wohl eine zentrale Gruppe. Sie haben Beziehungen zu den

Trilobita (Proterosoma wenigstens embryonal angedeutet; keine Kiefer; Atemorgane an Extremitäten gebunden; Körperform [ob vielleicht bloße Konvergenz?]). Im Gegensatz dazu fehlen ihnen Fühler.

Gigantostraca (gesamte Körpergliederung und Ausbildung der Extremitäten).

Arachnida, insbesondere Skorpionen (Übereinstimmung der Körpergliederung; Lage der Geschlechtsöffnung; Rückbildung des 7. Segmentes; Bindung der Atemorgane an Hinterleibsbeine; Endosternit; Darmbildung; Gefäßsystem; Exkretionsorgane).

Abb. 4. *Mixopterus kiaeri* Störmer. Körperlänge 66 cm. Nach Störmer.

2. Unterklasse: *Gigantostraca*[1]), „Riesenkrebse"

Diese rein fossile Gruppe entbehrt der breiten Duplikatur, die *Limulus* und die Trilobiten auszeichnet. Dementsprechend weicht auch ihr Körperumriß sehr ab und nähert sich mehr dem der Skorpione, zumal die letzten Segmente verschmälert und wahrscheinlich ringförmig gebildet sind. Ist dies in hohem Maße der Fall und dann das Telson auch noch giftblasenartig gestaltet, so können Habitus und Segmentierung den Skorpionen verblüffend ähneln (Abb. 4.) Das letzte Beinpaar des Prosoma ist oft an den beiden Endgliedern stark flächenartig verbreitert, wird also ähnlich wie bei Schwimmkrabben als Ruder gedient haben. Die vorderen Platten der Ventralseite des Opisthosoma, die oft längs der Mittellinie

[1]) ostracion = Krebsschale.

gespalten sind, stellen höchstwahrscheinlich Blattbeine dar, die denen von *Limulus* entsprechen.

Brack- und Süßwassertiere. 200 bis 1,80 m lange Arten, bekannt aus dem Silur bis Perm *Eurypterus* de Kay, *Mixopterus* Ruedemann.

2. Klasse:
SPINNENTIERE (*Arachnida*)[1])

Primär landbewohnende *Chelicerata*, die nur an den Somiten 1–6 Gliedmaßen tragen, während die Extremitäten des Hinterkörpers zwar oft noch beim Embryo als Knospen erscheinen, im Laufe der Ontogenese aber sehr stark oder völlig rückgebildet werden.

Integument

Der Körper ist überzogen mit einer einschichtigen Hypodermis[2]), die eine mehrschichtige (beim Skorpion 2schichtige) Chitinkutikula abscheidet. Eine darauf liegende Epikutikula ist bei mehreren Ordnungen nachgewiesen worden. Die Dicke wie auch die Härte der Chitinschichten ist an den verschiedenen Körperstellen durchaus ungleich, indem starre Schilder des Körpers sowie die harten, röhrenförmigen Glieder der Extremitäten durch weiche, faltbare Gelenkhäute miteinander verbunden werden. Die Chitinschicht bildet auch die Augenlinsen und überzieht die Innenwände der Atemorgane, des Vorderdarmes sowie der Vagina, entsprechend deren Entstehung aus Ektodermeinstülpungen[3]).

Die harten Kutikulaplatten dienen gleichzeitig als Skelett. An Stellen, wo sehr große Muskeln anheften, wird ihre innere Oberfläche oft durch platten- oder zipfelförmige Verdickungen bzw. Einstülpungen [Apodeme, Entapophysen[4])] vergrößert. Daneben ist noch ein mesodermales[5]) Innenskelett vorhanden in Form einer sehnigen Platte, die auf dem Unterschlundganglion liegt (Endo-

---

[1]) arachne = Spinne. [2]) hypo = unter, derma = Haut. [3]) ek = außen, also äußeres Keimblatt. [4]) ent = nach innen, apophyse = Auswuchs. [5]) mesos = mittlere, also mittleres Keimblatt.

sternit) und vielen Muskeln als Anheftungsfläche dient (fehlt bei Walzenspinnen).

Körpergliederung

Der Körper setzt sich im Prinzip aus dem Kopflappen und einer Reihe von Segmenten zusammen, von denen jedes aus Rückenplatte (Tergit), Bauchplatte (Sternit) und 2 lateralen faltbaren Gelenkhäuten, die die Seitenwände (Pleuren) bilden, besteht. Bei den Embryonen vieler Ordnungen sind die meisten dieser Somite zunächst ganz gleichförmig gebildet, indem jedes 1 Paar seitliche Gliedmaßenanlagen, 1 Paar nach der Mittellinie hin gelegene Ganglienanlagen und 1 Paar unter beiden liegende Cölomsäckchen besitzt (Abb. 13). Im Laufe der Entwicklung aber werden die einzelnen Segmente verändert und zu 2 sehr verschiedenartig gestalteten Körperteilen zusammengefügt: Prosoma und Opisthosoma (Abb. 5–9). Dabei kann die Selbständigkeit der Somite äußerlich erhalten bleiben (urtümlicher Zustand) oder durch Verschmelzungen völlig verwischt werden.

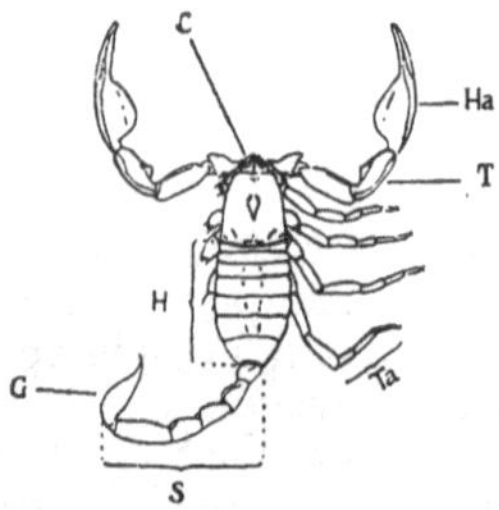

Abb. 5. *Euscorpius germanus* C. L. Koch. Körperlänge 3 cm. Nach Kaestner. *C* Cheliceren; *G* Giftblase; *H* Mesosoma; *Ha* Hand der Pedipalpen; *S Metasoma*; *T Tibia* der Pedipalpen; *Ta* Tarsalglieder.

Das Prosoma vereinigt stets den Kopflappen mit mindestens vier gliedmaßentragenden Segmenten unter einer einheitlichen harten Rückendecke. Es bietet dadurch feste Anheftungspunkte für die Muskulatur der 6 Gliedmaßenpaare, die allesamt dem Vorderkörper angehören, der damit fast das ganze Wirksystem des Organismus trägt, nämlich die Organe der Ortsbewegung, Nahrungsaufnahme und Verteidigung (Abb. 5). (Allein bei Skorpionen, Geißelskorpionen und Spinnen dient auch der Hinterkörper der Verteidigung und dem Nahrungserwerb.)

Im Gegensatz dazu besteht das Opisthosoma aus einer Kette selbständiger Segmente, die ihre Grundform ungefähr beibehalten haben. Nur fast alle Spinnen und Milben machen davon eine Ausnahme, indem bei ihnen nicht nur die Gliederung in Segmente, sondern auch die in Rükken und Bauchplatten zum Wegfall gekommen ist (Abb. 8, 26). Immer fehlen dem Hinterkörper völlig ausgebildete

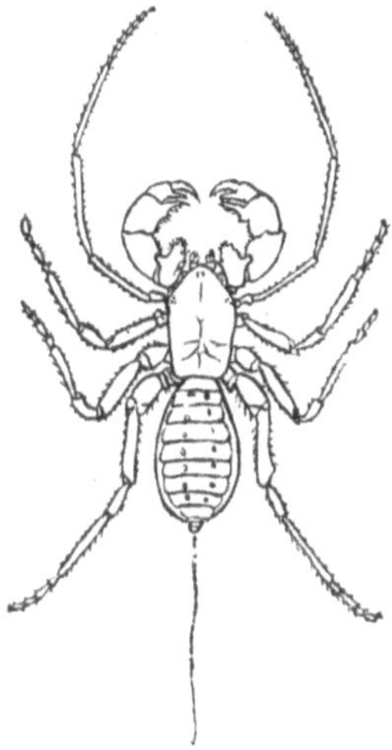

Abb. 6. *Thelyphonus caudatus L.* Geißelskorpion. Körperlänge 5 cm.

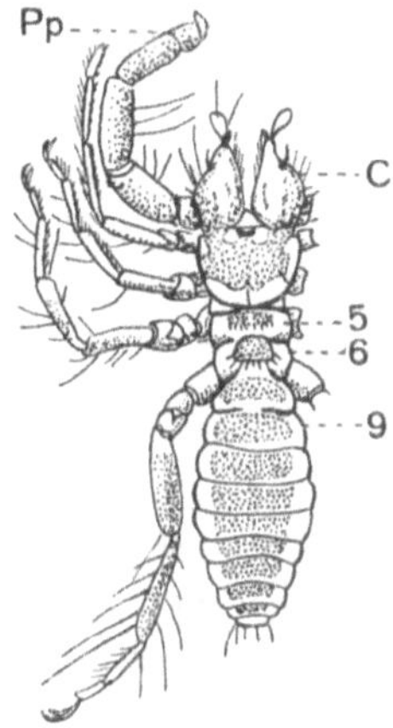

Abb. 7. *Gylippus judaicus* Kraepelin, Walzenspinne. Körperlänge 21 mm. Nach Birula. Die arabischen Ziffern bezeichnen die Segmente. *C Chelicere*; *Pp Pedipalpus*.

Gliedmaßen. Lediglich bei Skorpionen (Kämme) und Spinnen (Spinnwarzen) sind deutliche Rudimente derselben vorhanden (Abb. 10, 9). Stets finden sich am Hinterleib am Hinterrande des Sternites 8 die Geschlechtsöffnung und am Körperende der After.

Betrachten wir zunächst die Ausbildung des Prosoma bei den einzelnen Ordnungen. Ein festes einheitliches Schild, das über Kopflappen und alle 6 gliedmaßentragende Segmente hinwegreicht, bildet sein Rücken nur bei Skorpionen, Geißelskorpionen, Geißelspinnen, Spinnen und manchen Afterskorpionen *(Chthoniinea, Neobisiinea)* (Abb. 5, 6, 9). Es ist wahrscheinlich, daß dabei eine uralte Gliederung überdacht wird, die in voller Schärfe bei den Walzenspinnen, *Palpigradi* und *Schizopeltidia* hervortritt. Bei diesen Gruppen besteht der Rükken des Vorderkörpers aus 3 Skleriten: einem großen Propeltidium[1]), das den Kopflappen und die 4 ersten postoralen Gliedmaßen überdacht, sowie 2 Tergiten, die durch

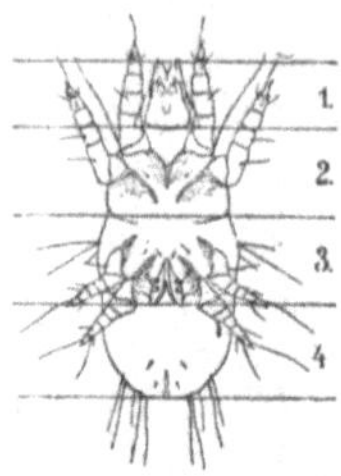

Abb. 8. *Winterschmidtia hamadryas* Vitzthum, Milbe. Körperlänge 3,5 mm. Nach Vitzthum. *1 Gnathosoma*: *2 Propodosoma*; *1* u. *2 Proterosoma*; *1, 2* u. *3 Prosoma*; *4 Opisthosoma*.

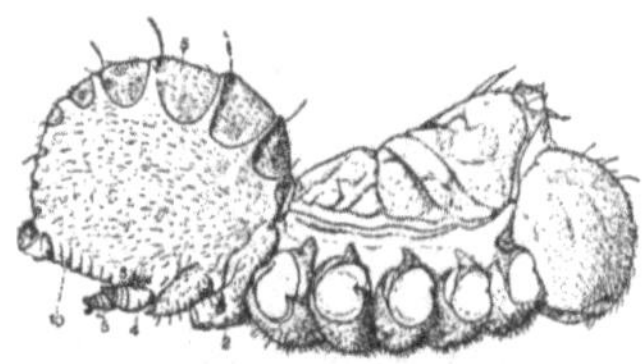

Abb. 9. ***Heptathela kimurai*** Kishida. Körper, von der Seite gesehen, 2 cm lang. Nach Kishida. Die Ziffern bezeichnen die Segmente des Hinterkörpers.

Bindehautstreifen davon und voneinander getrennt sind und zum Extremitätensegment 5 und 6 gehören (Abb. 7). Für die Walzenspinnen konnte nachgewiesen werden, daß sich diese Gliederung während der Embryonalentwicklung auf direktem Wege herausbildet, nicht etwa durch sekundäre Zerspaltung einer zunächst über alle prosomalen Somite reichenden einheitlichen Rückendecke. In dem Propeltidium erkennen wir das Rückenschild des Proterosomas wieder, eines Körperabschnittes, der uns von den Trilobiten und der Ontogenie der Schwertschwänze her wohlbekannt ist, und der sich hier also erhalten hat. Ihm kommt nicht nur eine große vergleichend anatomische, sondern auch eine funktionelle Bedeutung zu: Walzen-

[1]) peltidium = Schild.

spinnen und *Palpigradi* recken ihren Hinterkörper oft steil in die Höhe. Dabei wird die Rückenpartie vor der Basis des Opisthosoma stark zusammengeschoben, was durch die beschriebene Gliederung sehr erleichtert wird. Das prosomale Rückenschild der Weberknechte und vieler Afterskorpione (*Cheliferinea*) ist ebenfalls im hinteren Abschnitt durch 1 oder 2 Querfurchen segmentiert, ohne daß es bisher möglich war, die vergleichend anatomische Bedeutung dieser Gliederung zu finden (Abb. 43). Die meisten Milben zeichnen sich dadurch aus, daß fast immer eine dorsale Furche am Hinterrand des Gebietes des 4. Segmentes und ein breiter Abstand zwischen den Hüften des 2. und 3. Laufbeines ihren Körper in 2 Zonen scheiden. Nur sehr selten ist bei ihnen die sonst bei Arachniden so auffallende Grenze zwischen Vorder- und Hinterleib hinter dem 4. Laufbein vorhanden. Merkwürdigerweise tritt also gerade bei dieser so abgeleiteten Ordnung das Proterosoma ausgeprägt hervor.

Auch das Opisthosoma zeigt bei den einzelnen Ordnungen sehr verschiedene Verhältnisse. Besonders interessant ist seine Zweiteilung in einen breiteren Mittelleib aus normalen Segmenten und einen schlanken Nachleib (Metasoma) aus starren einheitlichen Chitinringen bei den Skorpionen, weil sie im höchsten Maße an die *Gigantostraca* erinnert, wahrscheinlich sogar Segment für Segment damit übereinstimmt (Abb. 4, 5). Ganz sicher ist das letztere nicht, weil bei den Skorpionen der 1. Hinterleibsring (Somit 7) nur beim Embryo vorhanden, aber beim erwachsenen Tier völlig rückgebildet ist und wir nicht wissen, ob wir bei den *Gigantostraca* dasselbe voraussetzen dürfen. Das letzte (19.) Segment ist mit einem Anhang versehen, der als Giftblase ausgebildet ist und in gleicher Gestalt ebenfalls bei mehreren *Gigantostraca* auftritt (Abb. 5). Alle Gliedmaßenanlagen des Hinterkörpers sind zurückgebildet worden bis auf das 9., das in Form der Kämme erhalten geblieben ist. Verwandte Verhältnisse zeigen die Geißelskorpione und *Palpigradi* insofern, als auch bei ihnen das Opisthosoma eine Teilung in breite normale Segmente und schmale ringförmige Somite zeigt. Doch ist die Zahl der letzteren auf 3 verringert (Abb. 6). Als Anhang trägt das Körperende (bei Geißelskorpionen der 18., bei den *Palpigradi* der 17. Ring) eine lange, gegliederte Geißel. Im Gegensatz zu den Skorpionen bleibt das 7. Segment erhalten und bildet einen schmalen Stiel zwischen Vorder- und Hinterkörper. Die übrigen Arachniden haben einen einheitlichen Hinterkörper. Bei Afterskorpionen, Walzenspinnen, Weberknechten, Geißelspinnen und ganz wenigen Spinnen (*Lipistiidae*) sowie Milben (*Notostigmata*) ist er deutlich segmentiert, während er bei der weit überwiegenden Mehrzahl der Spinnen und Milben einen völlig ungegliederten Sack darstellt. Gliedmaßenreste trägt er nur bei den Spinnen in Form der Spinnwarzen.

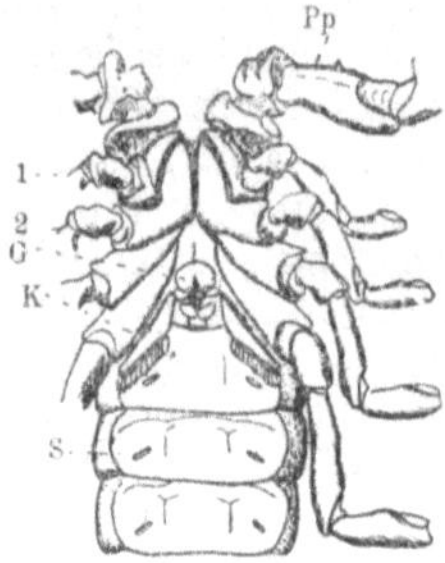

Abb. 10. *Prosoma* des Skorpions *Heterometrus* samt Sternit 10–12, von unten gesehen. Nach Lankester, verändert. *G* Genitaldeckel; *K* Kamm; *Pp Pedipalpenfemur*; *S* Stigma; 1, 2 *Trochanter* des 1. und 2. Laufbeines.

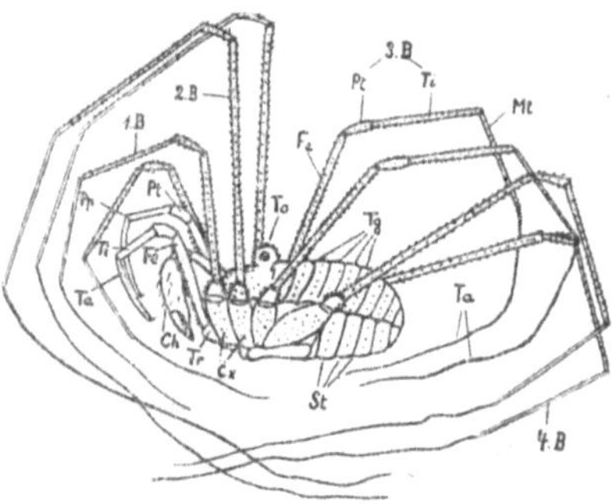

Abb. 11. *Opiliones Palpatores. Phalangium opilio L.*, von der Seite gesehen. Körperlänge 6 mm. Nach Roewer. *1. B–4. B* 1.–4. Laufbein; *Ch Chelicere*; *Cx Coxen*; *Fe Femur*; *Mt Metatarsus*; *Pp Pedipalpus*; *Pt Patella*; *St* Sternite des Opisthosoma; *Ta Tarsus*; *Tg Tergit* 8–11; *Ti Tibia*; *To* Augenhügel; *Tr Trochanter*.

Der Hinterleib der Skorpione, Afterskorpione, Weberknechte und Milben ist in voller Breite an den Vorderleib angeschlossen. Bei den übrigen Ordnungen bildet die Basis des Hinterleibes einen Stiel, der — abgesehen von den Walzenspinnen — aus dem verschmälerten 7. Segment besteht. Dieses ist sonst meist zurückgebildet. Bei Skorpionen und Weberknechten ist außerdem noch das 8. Sternit stark reduziert und die ganze vordere Bauchpartie des Opisthosoma wie bei den Milben als ein Keil zwischen die hinteren Hüften ins Prosoma hineingeschoben worden (Cephalisation!) (Abb. 10, 44). Dadurch gelangt die Geschlechtsöffnung (Hinterrand des 8. Sternites) weit nach vorn zwischen die Hüften der 4., 3. oder gar 2. Laufbeine.

Gliedmaßen

Nur die auf dem 1.–6. Somiten auftretenden Gliedmaßenknospen werden zu voll ausgebildeten Extremitäten entwickelt, während die anderen (dem Hinterkörper angehörigen) völlig eingeebnet oder zu keineswegs beinförmigen Anhängen (Kämme, Spinnwarzen) umgewandelt werden. Abgesehen von der 1. Extremität können die anderen 5 — wie bei Trilobiten — sehr gleichartig ausgebildet sein. Wir halten das für einen ursprünglichen Zug, der uns bei manchen Spinnen (*Lipistius*, Vogelspinnen), den *Palpigradi* und Walzenspinnen entgegentritt (Abb. 7, 25). Die anderen Gruppen formen zumindest die 2. Extremität mehr oder weniger stark um, die *Pedipalpi* außerdem sogar noch die 3. (Abb. 5, 6). Bei Geißelskorpionen geschieht dies sehr spät — erst nach dem Schlüpfen —, was unsere Annahme, daß es sich um sekundäre Wandlungen handelt, stützt.

Die Cheliceren werden als 1. Gliedmaßenpaar hinter dem Munde angelegt, liegen aber beim erwachsenen Tier stets davor bzw. darüber (Abb. 11, 14, 17, 26). Bei *Palpigradi*, Skorpionen, Weberknechten und vielen Milben stellen sie 3gliedrige Scheren dar, sonst teilen sie sich nur in 2 Abschnitte, von denen der distale den beweglichen Scherenfinger bildet (Abb. 11, 12, 29)[1]. Die Unterordnungen der *Pedipalpi* lassen erkennen, wie durch Wegfall des apophysenartigen unbeweglichen Fingers aus der echten Schere eine Art Subchela entsteht, die für Geißelspinnen und Spinnen typisch ist (vgl. Abb. 12 und 29!). Bei den Milben können die Cheliceren bei nadelförmiger Verschmälerung der Glieder zu Stechborsten werden.

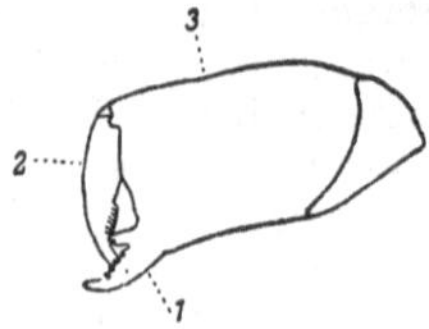

Abb. 12. *Cheliceren* eines Schizopeltidiers (*Pedipalpi*), von der Seite gesehen. Nach Kaestner.

Die Cheliceren dienen, wenn sie groß sind (Spinnen, Walzenspinnen, Kanker), geradezu als „Hand“, zum Packen der Beute, als Waffe, zum Graben, zum Trennen von Fäden usw. In allen anderen Fällen schneiden sie lediglich die Beute an und helfen bei deren grober Zerteilung. Viele parasitische saugende Milben können damit stechen. Bei Walzenspinnen und den *Acari Parasitiformes* werden die Cheliceren außerdem als Gonopoden, bei den Afterskorpionen als Spinnorgan benutzt.

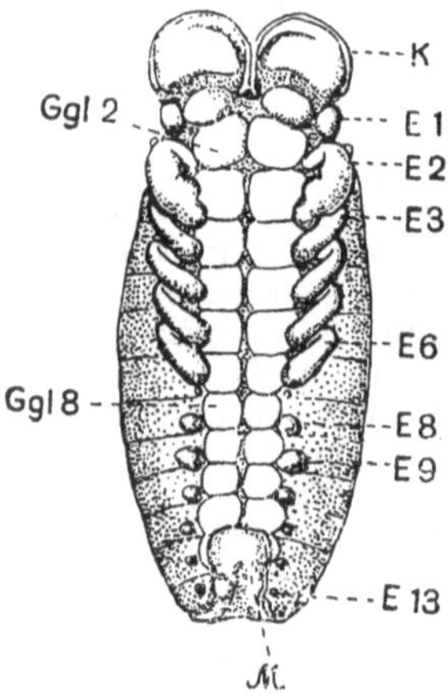

Abb. 13. *Euscorpius carpathicus L.* Keimscheibe, 4 mm lang. Nach Brauer.
E Extremitätenanlage (1 *Chelicere*, 2 *Pedipalpus*, 3–6 Laufbeine, 9 Kamm, 10–13 mit Lungenanlagen), *Ggl* Ganglienanlage; *K* Kopflappen; *M Metasoma*. Die Ziffern bezeichnen die Segmente.

Die Pedipalpen oder Kiefertaster bilden das 2. Gliedmaßenpaar. Bei den *Palpigradi* und Weibchen der altertümlichen Spinnen *(Lipistiidae)* sind sie noch ganz wie Laufbeine gebildet (Abb. 25). So

[1]) Ob das Vorkommen von 6 Chelicerengliedern bei den Jugendstadien mancher Milben *(Liponissinae, Uropodina* usw.) eine ursprüngliche Eigenschaft darstellt, ist noch ungeklärt.

bestehen sie z. B. bei den *Lipistiidae* aus Coxa, Trochanter, Femur, Patella, Tibia und Tarsus, unterscheiden sich also nur durch das Fehlen der Teilung des letzteren von den Gehbeinen. Bei allen übrigen Ordnungen dagegen zeigen ihre Hüften mehr oder weniger starke Umbildungen, die in Beziehung zur Nahrungsaufnahme stehen, niemals aber zur Ausbildung von Kaukiefern führen. Die 5 endwärtigen Glieder sind bei Walzenspinnen, Spinnen und *Opiliones Palpatores* noch durchaus beinförmig, meist freilich bei den beiden letztgenannten Ordnungen recht klein, so daß die ganze Extremität das Aussehen eines Tasters hat (Abb. 7, 11, 14). Es sind das dieselben 3 Ordnungen, die große Cheliceren haben, die das Ergreifen und Überwältigen der Beute übernehmen. Bei den mit kleineren Cheliceren ausgestatteten Ordnungen dagegen stellen die Pedipalpen große Fangwerkzeuge dar. So sind sie bei Skorpionen, Afterskorpionen und Geißelskorpionen zu waagerecht getragenen starken Scherenarmen geworden, bei den meisten Geißelspinnen *(Amblypygi)* zu waagerechten, stark stachelbewaffneten Fangbeinen und bei den *Opiliones Laniatores* zu Fangbeinen mit vertikaler Beugungsebene (Abb. 5, 6, 24). Die Milben haben fast alle kurze bis ganz kurze tasterförmige Pedipalpen (Abb. 8).

Immer dient das 2. Gliedmaßenpaar in hohem Maße dem Tastsinn. Soweit es Scheren trägt, bildet es ein Universalwerkzeug zum Ergreifen und Töten der Beute, zur Abwehr und zum Graben. *Palpigradi* und Walzenspinnen benutzen es auch als Gehbein, die Spinnen als Gonopoden.

Die Laufbeine sind grundsätzlich in 4 Paaren vorhanden. Ausnahmen davon bieten lediglich die Jugendstadien der *Ricinulei* und die Larven der Milben, die nur die vorderen 3 Paare besitzen, sowie die Erwachsenen einiger parasitischer Milbengruppen mit 2 (Gallmilben) oder gar nur einem einzigen Laufbeinpaar *(Podapolipodidae)*. Die Zahl der Beinglieder wechselt nicht nur bei den einzelnen Ordnungen, sondern oft sogar bei den verschiedenen Paaren ein und desselben Tieres (Abb. 11). Die

Hüften nehmen nur bei Skorpionen und Weberknechten an der Bildung eines Mundvorraumes teil, bei den anderen Gruppen beteiligen sie sich nie an der Nahrungsaufnahme. Oft spielen die Beine eine wichtige Rolle als Träger von Sinneshaaren usw. und ersetzen sozusagen die Fühler. So ist z.B. bei Spinnen, Weberknechten und Milben häufig das 1. oder 2. Beinpaar besonders lang und wird als Taster gebraucht. Bei den Walzenspinnen ist das 1. Beinpaar ganz schwach, z.T. sogar krallenlos, bei den *Palpigradi* aber verlängert sowie endwärts reicher gegliedert. Bei beiden dient es nicht mehr zum Laufen, sondern als Taster (Abb. 7, 25). Das Extrem dieser Verwendung zeigen die *Pedipalpi*, deren 1. Beinpaar nicht nur außerordentlich verlängert, sondern endwärts außerdem sekundär in viele Ringel gegliedert ist, ganz wie ein Insektenfühler (Abb. 6, 24).

Wie die am besten untersuchten Spinnen zeigen, laufen die Arachniden nach dem gleichen Rhythmus wie die Insekten. Folgende Formel soll das zeigen. Die arabischen

1 I
II 2
3 III
VI 4

Ziffern bedeuten die Beine, die gerade nach vorn zum vorderen Anheftungspunkte bewegt werden, die römischen diejenigen, die gleichzeitig fest auf dem Boden stehen und durch Beugung (vordere 2 Beinpaare) oder Streckung (hintere 2 Beinpaare) den Körper nach vorn bewegen. Außerdem dienen die Beine zum Ausziehen von Spinnfäden, Schwimmen, Graben, Festhalten der Weibchen (besonders bei Milben) und als Gonopoden[1]) (3. Beinpaar der *Ricinulei* und vieler Wassermilben).

Nervensystem

Das Nervensystem entsteht beim Embryo in Form paariger Wucherungen [Neuromere[2])] des Ektoderms. In

[1]) gen = erzeugt, pus-podos = Fuß, also Begattungsbeine.
[2]) neuron = Nerv, meros = Abteilung.

jedem Segment tritt medial der Gliedmaßenknospen 1 Paar Neuromere auf, so daß zunächst eine Ganglienkette gebildet wird, die den ganzen Körper durchzieht (Abb. 13). Im Laufe der Ontogenese schließen sich dann die einzelnen Glieder dieser Reihe zu größeren Nervenzentren zusammen, indem sie aus ihrem Entstehungssomit herausrücken und

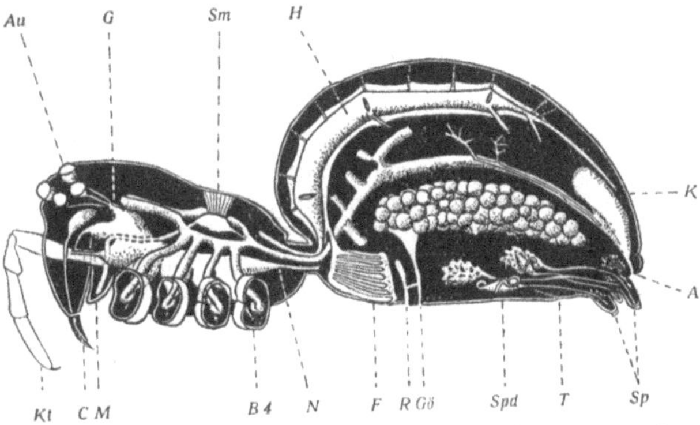

Abb. 14. *Araneae.* Schema des *Situs.* Nach Comstock u. Kaestner. *A* After; *Au* Nebenauge; *B 1*–*B 4* Beinhüfte 1–4, je einen Beinnerv und einen Darmblindsack enthaltend; *C Chelicere* mit Giftdrüse; *F* Fächertrachee; *G* Gehirn, darunter Cheliceren- und Unterschlundganglion; *Gö* Geschlechtsöffnung für Eiablage; *H* Herz, im Perikard aufgehängt; *K* Kloake, davor die Mündung des dünnen verzweigten Malpighischen Gefäßes und der Mitteldarm mit 4 Divertikelmündungen; *Kt* Kiefertaster; *M* Mund, der medial der Lade des Kiefertasters liegt und in den senkrechten Pharynx führt; *N* Hinterleibsnerv, aus dem Ende des Unterschlundganglions entspringend; *R* Mündung des *Receptaculum seminis*, also Begattungsöffnung; *Sm* Muskel des Saugmagens, der von Blindschläuchen des Mitteldarmes ringförmig umfaßt wird; *Sp* Spinnwarzen; *Spd* Spinndrüsen; *T* Röhrentrachee.

nach vorn wandern. So vereinigen sich stets die Ganglienanlagen des Kopflappens (= Hirn) mit denen des 1. Segmentes (= Chelicerenganglion = Tritocerebrum) zum Oberschlundganglion. Bei den Geißelspinnen, Spinnen, Afterspinnen, *Ricinulei* und Milben schieben sich außerdem noch sämtliche anderen Neuromere in den Vorderkörper hinein (Cephalisation!) und verschmelzen hier zum Unterschlundganglion (Abb. 14). Lediglich bei den Skorpionen, Geißelskorpionen, Walzenspinnen, ***Palpigradi*** und Kankern bleiben Ganglien im Opisthosoma zurück, wobei sich bei Skorpionen Züge des primitiven Strickleiternervsystems erhalten (Abb. 23). Das Gehirn, aus den Nervenzellen des Kopflappens entstanden, enthält lediglich die Zentren, die bei anderen Arthropoden im Protocerebrum[1]) auftreten, also als Assoziationsorgane Globuli und Zentralkörper, als Sinneszentren die Sehmassen. Nie sind sichere Rudimente eines Deuterocerebrum[2]) (Antennenneuromer) embryologisch oder anatomisch bei Arachniden nachgewiesen worden. Die oben genannte reiche Differenzierung des Protocerebrum finden wir bei den großen und meist äußerlich gut segmentierten Ordnungen (Skorpionen, ***Pedipalpi***, Jagdspinnen, Walzenspinnen und Weberknechten). Kleintiere wie Afterskorpione und Milben weisen trotz relativer Größe ihres Hirns starke Reduktionen auf, wie wir sie auch von anderen kleinen Arthropoden kennen. So fehlen Globuli, Glomeruli sowie Brücke, und die Sehzentren sind nur schwach ausgebildet, so daß die betreffenden Gehirne zu den einfachsten bisher bekannten Arthropodenhirnen gehören. Merkwürdigerweise zeigen auch die hochentwickelten Netzspinnen ähnliche Rückbildungen. Der Zentralkörper bildet bei ihnen das einzige Assoziationsorgan trotz komplizierter Netzbau- und Beutefanginstinkte sowie unzweifelhaft vorhandenen Gedächtnisses. (Ein Hinweis darauf, daß bei Arachniden die Globuli besonders eng mit den Sehzentren gekoppelt sind, die bei Netzspinnen nicht stark ausgebildet sind.)

Sinne

Die wichtigste Rolle spielt zweifelsohne bei allen Ordnungen der Tastsinn. Seine Receptoren werden gebildet von innervierten Haaren, die auf manchen Gliedmaßen besonders gehäuft sind, die dann etwa die Rolle eines Fühlers spielen. Je nach der Ordnung können das die Pedipalpen oder Laufbeinpaare 1 bzw. 2 sein.

Besonders empfindlich sind die Becherhaare (= Tricho-

[1]) protos = der erste, cerebrum = Gehirn. [2]) deuteros = 2.

bothrien), die einzeln oder in wenigen Längsreihen auf Gliedmaßen stehen. Diese sehr langen, dünnen Haare inserieren mit ihrer basalen Verdickung inmitten einer becherförmig eingesenkten, sehr dünnen Membran und werden durch den leisesten Luftzug, ja durch Schallwellen zum Schwingen gebracht (Abb. 15). Daß Arachniden mit ihnen „hören", konnte bisher nicht einwandfrei nachgewiesen werden.

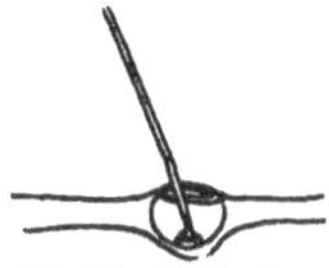

Abb. 15. Becherhaar eines Bücherskorpions im optischen Schnitt gesehen. Stark vergr. Nach Kaestner.

Unbekannt ist die Bedeutung der Sinnesspalten, die einzeln oder in parallelen Reihen gruppiert, auf Rumpf und Gliedmaßen zu finden sind. Sie stellen Lücken in der Kutikula dar, die mit einer sehr zarten Membran nach außen verschlossen sind. An diese Membran setzt sich innen ein Nervenstrang an, der mit einer seitlich liegenden Gruppe von Ganglienzellen in Verbindung steht.

Paraesthetische, Spannungs-, Erschütterungs-, Geruchs- und Geschmacksempfindungen sind sicher nachgewiesen, ihr Sitz aber nur in Ausnahmefällen gefunden worden. (Siehe unter Spinnen und Zecken!)

Augen können in allen Ordnungen außer bei *Palpigradi* und *Ricinulei* auftreten. Sehr oft finden wir – wie auch sonst im Tierreich – Mittel- und Seitenaugen, die sich im Aufbau grundsätzlich unterscheiden. Die Mittelaugen sind stets in einem Paare, die Seitenaugen in größerer Anzahl (bis 5 Paar) vorhanden. Bei den *Araneae* unterscheiden sich beide Augentypen sehr scharf voneinander, indem die Rhabdome der Sehzellen der Mittelaugen dem Glaskörper, die Rhabdome der Seitenaugen dagegen dem Augenhintergrund zugekehrt sind (Abb. 16). Der vor den Sehzellen (receptorischer Augenabschnitt) gelegene dioptrische Apparat besteht stets aus einer einheitlichen Linse (modificierte Kutikula) und einem mehr oder weniger hohen Glaskörper (Fortsetzung der Hypodermis). Während dadurch die Arachnidenaugen als einfache Ocellen erscheinen, macht ihre Retina in den Mittelaugen der Skorpione, *Pedipalpi* und Weberknechte mehr den Eindruck eines zusammengesetzten Auges, indem hier die Sehzellen zu Gruppen geordnet sind, in deren Zentrum die zugehörigen Rhabdomere sich zu einem einheitlichen Rhabdom zusammenfügen. Es entstehen dabei sozusagen kleine Ommatidien, die sich durchaus mit denen der Facettenaugen von *Limulus* vergleichen lassen.

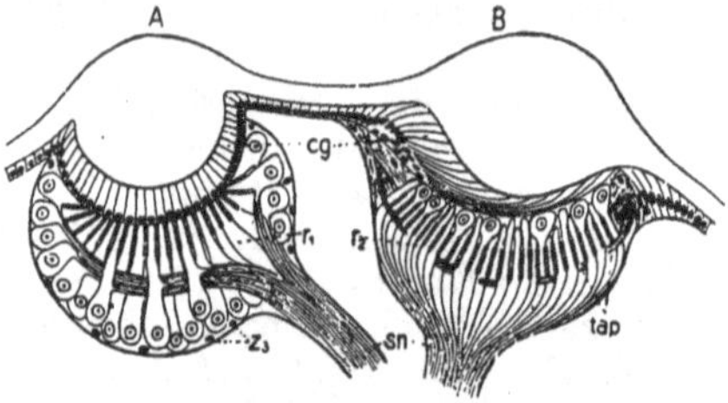

Abb. 16. Schema eines Schnittes durch *A* Haupt- und *B* Nebenauge einer Wolfspinne. Durchm. jedes Auges etwa $^1/_5$ mm. Nach Hesse. *cg* Glaskörper; r_1 convertierte, r_2 invertierte Retina; *tap Tapetum*; *sn* Sehnerv; z_3 postretinale Kerne.

Die Leistung der Augen ist bei den einzelnen Ordnungen sehr verschieden, entsprechend der wechselnden Zahl der Sehzellen. Ein wirkliches Bildsehen kommt unter allen Umständen den Springspinnen zu, und zwar deren vorderen Mittelaugen. Diese können auch Orange und Blau als Farbe recipieren. Andere Arachniden dürften auf Bewegungs- und Richtungssehen bzw. eine ganz grobe Wahrnehmung der Verteilung der Helligkeiten in der Umgebung beschränkt sein.

Mundbildung

Die einfachsten Verhältnisse der Mundbildung — unter allen lebenden Arthropoden überhaupt — haben die *Palpigradi*. Ihr Mundspalt wird lediglich von einer Ober- und einer Unterlippe begrenzt. Keine der Extremitäten steht dazu in irgendeiner Beziehung. Ähnlich verhalten sich primitive Spinnen *(Lipistiidae* Abb. 17). Bei allen anderen Arachniden wird durch Auswüchse der Hüften der Pedipalpen ein mehr oder weniger komplizierter Mundvorraum oder eine Saftleitung gebildet, woran sich bei Skorpionen und Weberknechten außerdem noch 1 oder 2 Laufbeinhüften durch Fortsätze beteiligen (Abb. 10, 26, 44). Niemals dienen diese ladenartigen Bildungen einem Kauakt, ganz im Gegensatz zu den Verhältnissen bei Krebsen und Tracheaten. Die Zerkleinerung der Nahrung wird vielmehr — soweit sie nicht in äußerst grober Weise durch die Cheliceren erfolgt ist — auf chemischem Wege durch ausgespieenen Verdauungssaft vor dem Munde im Mundvorraum vorgenommen. Die Laden verhindern dabei das Wegfließen des Nahrungssaftes, leiten ihn zum Mund und seihen ihn mit Hilfe dichter Borstensiebe aus, so daß nur Gelöstes bis an die winzige Mundöffnung gelangen kann.

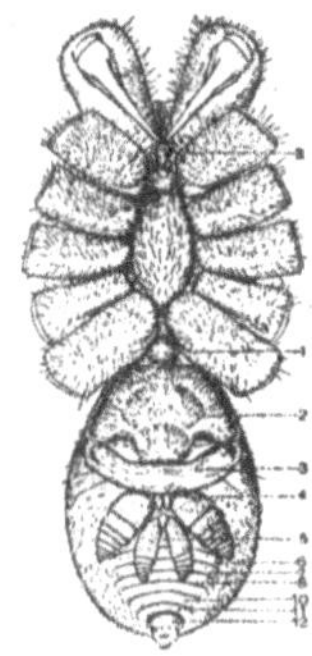

Abb. 17. *Heptathela kimurai* Kishida. Körper, von unten gesehen. *R* Oberlippe; die Ziffern bezeichnen die Segmente des Hinterkörpers. Nach Kishida.

Verdauungsorgane

Der Darmkanal der Arachniden setzt sich zusammen aus einem mit Chitin ausgekleideten Vorderdarm, einem Mitteldarm und einem kurzen, wiederum chitinisierten Enddarm. Die kutikularisierten Darmteile verdanken einer Einstülpung des Ektoderms ihren Ursprung, während der Mitteldarm aus dem Entoderm gebildet worden ist. Der Vorderdarm dient lediglich dem Transport der Nahrung. Er ist dementsprechend mit ringförmigen Verengerungs- und radiär davon ausgehenden Erweiterungsmuskeln versehen. Bei manchen Gruppen ist das nur in dem zwischen Mund und Gehirn liegendem Abschnitt in starkem Maße der Fall: praecerebrale Saugpumpe *(Skorpiones*, Geißel- und Afterskorpione, Kanker, Walzenspinnen, *Ricinulei*, Milben). Dahinter zieht der Vorderdarm, als Oesophagus stark verengt, durch die enge Passage zwischen Ober- und Unterschlundganglion, um bei den *Amblypygi* und den *Araneae* anschließend noch eine 2. sehr kräftige, postcerebrale Saugpumpe zu bilden, die in den Mitteldarm einmündet (Abb. 14). Dieser stellt den umfangreichsten Darmabschnitt dar, indem er — im Gegensatz zu den *Tracheata* — wie bei Limulus ausgedehnte Blindsäcke aussendet, die fast den ganzen Hinterleib ausfüllen (Ausnahme: *Sarcoptiformes, Tetrapodili*). Die Divertikel[1]) sind ursprünglich, wie auch die Ontogenese zeigt, in den meisten Segmenten angelegt worden. Die Zahl ihrer Mündungen in den Darmkanal aber hat sich nach und nach vermindert, insbesondere dadurch, daß die hinteren Cöca[2]) durch einen gemeinsamen Gang in den Darm einmünden (Abb. 14, 23). Die recenten Arachniden zeigen verschiedene Stufen dieses Prozesses. So münden die Blindschläuche des Hinterleibes bei Skorpionen mit 5, bei Geißel- und Afterskorpionen durch 4, bei Spinnen durch 3 Paar Gänge in den Darmkanal. Wir unterscheiden 2 Formen von Divertikeln: a) schlauchförmige, die höchstens einige wenige Zweige abgeben (Abb. 14), und b) stark verästelte, die sich in zahllose winzige Läppchen zerteilen. Weberknechte, *Ricinulei* und die meisten Milben haben nur schlauchförmige Cöca. Bei den Skorpionen und Afterskorpionen aber tritt nur der verästelte Typus auf. Im Gegensatz dazu finden wir bei Geißel-, Walzen- und echten Spinnen beide Formen; im Prosoma schlauchförmige, die sich meist bis zu den Hüften erstrecken, im Opisthosoma dagegen stark verästelte, die den ganzen Leibesraum ausfüllen (Abb. 31). Alle diese Cöca entspringen im Prosoma und im vorderen Teile des Opisthosoma. Dahinter bildet der Mitteldarm ein geschlossenes Rohr, das schließlich in eine Sammelblase mündet, die Kloake, deren Wand oft mehr den hier einmündenden Malpighischen Gefäßen als einem Darmteil ähnelt und dementsprechend auch exkretorische Funk-

[1]) diverticulum = Ausweg, Blindsack. [2]coecus = blind.

tionen ausübt. Es folgt dann der kurze ausleitende Enddarm (Abb. 14).

Funktion des Verdauungsapparates: Peristaltische Wellen des Vorderdarmes befördern die meist durch Außenverdauung verflüssigte Nahrung in den Mitteldarm. Die Divertikel desselben haben ein dimorphes Epithel aus Ferment- und Nährzellen. Die Fermentzellen sondern ins Lumen ein grob spaltendes Ferment ab. Der damit behandelte Speisebrei wird dann von der 2. Zellart, den Nährzellen, aufgenommen und intracellular verdaut. Die unbrauchbaren Endprodukte werden als Exkrete samt der Zellspitze abgeschnürt und fallen so ins Blindsacklumen, woraus sie in die Kloake gelangen. Die gewonnenen Eiweiß- und Fettsubstanzen dagegen werden teils in den Nährzellen selbst, teils in dem die Divertikel bekleidenden zelligen Bindegewebe gespeichert.

Atmungsorgane

Die Atemorgane werden durch Einstülpungen der Körperhaut gebildet. Ihrem Ursprung entsprechend sind sie mit Chitin ausgekleidet. Sie fehlen völlig bei dünnhäutigen Kleinformen *(Palpigradi*, viele Milben), die Hautatmung besitzen. Bei den übrigen Ordnungen treten sie in zweifacher Gestalt auf: als Fächer- oder als Röhrentracheen. Beide können nebeneinander an ein und demselben Tier *(Araneae)* auftreten.

Die Fächertracheen entstehen bei Skorpionen und Spinnen interessanterweise an der Hinterseite einiger Gliedmaßenanlagen des Opisthosoma, also an der gleichen Stelle wie die Kiemen bei den Schwertschwänzen. Nur bilden sich im Gegensatz zu *Limulus* nicht blattartige Hautauswüchse, sondern Furchen, die sich zu taschenartigen Einstülpungen vertiefen (Abb. 18a). Indem sich dann die Gliedmaßenanlage in den Körper einsenkt, entsteht hinter ihrer Hinterseite eine tiefe, kurze Grube, der spätere Atemvorhof (Abb. 18b). Das fertige Organ besitzt ein schlitzförmiges Stigma, das in diesen Vorhof mündet, dessen Vorderwand durch parallele Spalten, die einstigen Furchen, wie ein Ofenrost durchbrochen ist. Jede Spalte führt in eine flache dreieckige Atemtasche (= einstige Einstülpung) (Abb. 19). Das Zusammenfallen

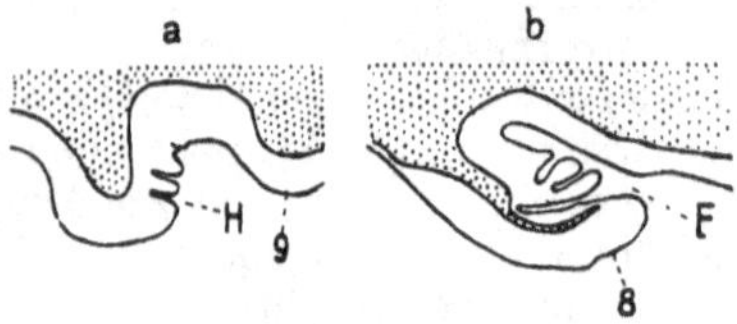

Abb. 18. Spinnenembryo. Längsschnitt durch die Extremitätenanlagen des 8. Segmentes. a vor, b nach dem Einsinken in den Körper. 8, 9 Extremitätenanlage des 8. bzw. 9. Somiten; *E* Eingang in die Atemhöhle (Vorhof); *H* Hinterseite mit tiefen Furchen, die zu Atemtaschen werden.

der Hohlräume der Taschen wird verhindert durch kleine Chitinstifte, die auf ihrer unteren Wand stehen. Außen ist jede Tasche mit einer sehr dünnen Hypodermisschicht bekleidet, die an den Stellen, wo die Kerne liegen, sehr verdickt ist und mit der Hypodermis der benachbarten Atemtasche verschmilzt. Auf diese Weise werden die einzelnen Fächer durch Hypodermispfeiler miteinander zu einem Ganzen verbunden, das in einen Blutsinus hineinhängt, der sich hinter dem Vorhof ausdehnt.

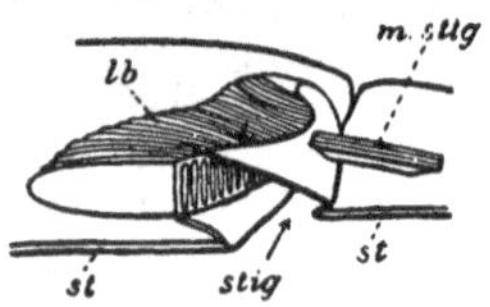

Abb. 19. *Pedipalpi*. Ausschnitt aus einer Fächertrachee, schematisiert. *lb* Atemtaschen; *m. stig* Vorhoföffner; *st* Sternit (Bauchwand); *stig* Stigmenöffnung. Nach Kaestner.

Nur *Scorpiones*, *Pedipalpi* und *Araneae* haben solche Lungen. Alle anderen Ordnungen atmen durch Röhrentracheen. Diese können in verschiedenen Formen auftreten: als einfache, unverzweigte Röhre (manche Spinnen und Milben), als Siebtrachee *(Pseudoscorpiones*, *Ricinulei*, manche Spinnen) und als baumartig verzweigte Luftröhren (Kanker, Walzenspinnen, manche Spinnen) (Abb. 20, 21). Ganz abgeleitete Verhältnisse zeigen die Milben, bei denen mit starken Veränderungen der ursprünglichen Anlagen gerechnet werden muß und oft die Atemorgane fehlen. Die Stigmen der Röhrentracheen sind meist auf den Hinterkörper beschränkt, nur bei Solifugen, *Ricinulei* und Milben finden wir prosomale Atemlöcher, die wohl sekundär entstanden sind ebenso wie die accessorischen Stigmen auf den Tibien der Laufbeine vieler Weberknechte.

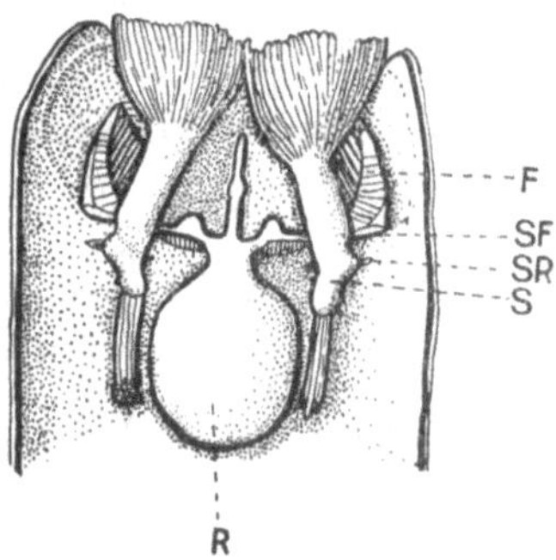

Abb. 20. *Araneae*. Atemorgane von *Harpactes*. *F* Fächertrachee des 8. Segmentes; *R* Drüse der Vagina; *S* Siebtrachee des 9. Segmentes; *SF* Stigma der Fächer-, *SR* Stigma der Röhrentrachee. Nach Kaestner. Präparat 3 mm breit.

Während sich die Fächertracheen am Hinterrande von Gliedmaßenknospen bilden, ist dies für die Röhrentracheen nur bei den Spinnen nachgewiesen. Wie schon erwähnt, können die *Araneae* im 8. wie im 9. Segment sowohl Fächer- als auch Röhrentracheen ausbilden. Ja, in den meisten Fällen sind im 8. Segment Lungen, im 9. dagegen Röhrentracheen vorhanden. Manchmal haben diese Luftröhren die Form von Siebtracheen. Der Vergleich eines solchen Organes mit der davor gelegenen homologen Fächertrachee zeigt dann mit überraschender Deutlichkeit, daß die Atemtaschen der Lunge im Grunde genommen nichts anderes sind als abgeflachte Tracheenkapillaren (Abb. 20). Meist stellen aber die Atemorgane des 9. Segmentes einfache oder baumartige verzweigte Röhren dar (Abb. 21). Merkwürdigerweise gesellen sich ihnen bei der Mehrzahl der Spinnen 1 Paar mediale Röhren zu, die ebenfalls an der Atmung teilnehmen, aber einen ganz an-

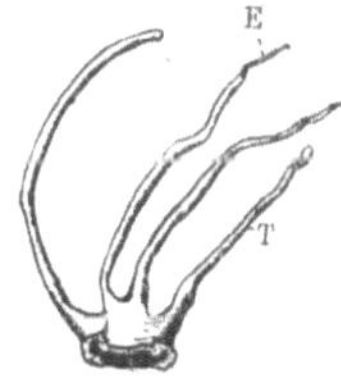

Abb. 21. *Araneae*. Röhrentracheen (*T*) samt zu Tracheen umgewandelter *Entapophyse* (*E*) von *Linyphia*. Nach Kaestner. Etwa 2 mm lang.

deren Ursprung haben. Sie entstehen nämlich als hohle zipfelförmige Entapophysen des 9. Segmentes, die zunächst nur der Anheftung der Längsmuskeln dienen. Durch eine während der Embryogenese erfolgende Streckung des Sternites 9, die die Spinnwarzen ans Hinterleibsende verlagert, werden sie sehr lang ausgezogen zu einem Paar hohler, medial ins Tracheenstigma mündender Röhren (Abb. 21). Bei manchen Familien sprossen aus ihnen später lange Seitenäste hervor, die bis ins Prosoma reichen können. So wird die Entapophyse zu einem umherschweifenden Atemorgan, das die eigentliche laterale Trachee weit an Ausdehnung übertrifft. Eine solche Doppelfunktion als Innenskelett und Atemapparat ist sonst nur noch von den Tracheentaschen der *Diplopoda* bekannt geworden.

Bei den *Palpigradi* und einzelnen Geißelspinnen treten ausstülpbare Ventralsäckchen auf den vorderen Sterniten des Opisthosoma auf. Es wird vermutet, daß sie accessorische Atemorgane darstellen. Beziehungen zwischen der Form der Atemorgane und der Lebensweise konnten bisher nicht überzeugend nachgewiesen werden. Lokalisierte Organe wie z. B. die Fächertracheen, deren Ausdehnung auf 1 Segment begrenzt ist und die in einer Reihe von Segmenten auftreten, dürften die ursprüngliche Form der Atemapparate darstellen.

Kreislauforgane

Das Blut enthält farblose Blutkörper. Bei Spinnen konnten 4 verschiedene Formen derselben nachgewiesen werden, die z. T. auseinander hervorgehen und deren Mengenverhältnis während jeder Häutungsperiode sehr wechselt. Die Blutkörper werden bei Spinnen aus der Ringmuskelschicht des Herzens, bei Skorpionen in den medianen lymphatischen Organen, die auf der Spinalarterie liegen, gebildet.

Das Herz, ein Rohr aus kräftigen Ringmuskeln, das von dünnen Längsmuskeln überzogen ist, liegt dorsal in einem Perikard. Es erstreckt sich bei den 9 Ordnungen über eine sehr unterschiedliche Zahl von Segmenten, was darauf hinweist, daß es ursprünglich alle Somite durchzog und in jedem mit 1 Paar Ostien und 1 Paar Seitenarterien ausgestattet gewesen ist. Jetzt reicht es nur bei den Geißelskorpionen und Walzenspinnen noch bis ins Prosoma. Sonst ist es aufs Opisthosoma beschränkt, wo es bei den einzelnen Familien eine sehr verschiedene Zahl von Somiten einnimmt (Abb. 14, 23). Im Zusammenhang damit wechselt die Zahl der Seitenarterien ebenso wie die der Ostien sehr. Bei der Diastole wird das Blut durch die knopflochförmigen Ostien ins Herz gesogen und bei der folgenden Systole in die darunter befindlichen Seitenarterien sowie die vordere und hintere Aorta gepreßt, während die Ostien gleichzeitig durch je 1 Klappenpaar verschlossen werden. In jedem Falle enden die Verzweigungen des Arteriensystems offen in den Gewebslücken. Das aus ihnen fließende Blut umspült dann direkt die Organe und sammelt sich — des Sauerstoffes beraubt — in 2 großen längsverlaufenden Ventrallakunen. Von ihnen aus strömt es bei den mit Fächertracheen versehenen Formen zwischen deren Taschen hindurch, um durch die Lungenvenen, dicht unter den Seitenflächen des Körpers, zum Rücken zu gelangen, wo es gegenüber den Ostien wieder ins Perikard eintritt.

Die Ausbildung der Kreislauforgane ist sichtlich vom Atemapparat abhängig. Besteht dieser ganz oder teilweise aus lokalisierten Fächertracheen, so ist stets ein reich verzweigtes Arteriensystem vorhanden, das beträchtliche Ähnlichkeit mit dem der Schwertschwänze und deutliche Beziehungen zur Segmentierung hat (vgl. Skorpione, S. 41). Meist sind bei solchen Formen außerdem die Länge des Herzens sowie die Zahl der Ostien und der Seitenarterien größer als bei Gruppen mit umherschweifenden verästelten Röhrentracheen. Letztere entbehren mit Ausnahme der Spinnen der Seitenarterien und Verästelungen der Aortae ganz. Bei den Kleinformen wie vielen Milben und den *Palpigradi* fehlen die Zirkulationsorgane überhaupt.

Exkretionsorgane

Die Exkretion wird von mehreren Organsystemen übernommen. Die wichtigsten sind die folgenden:

Nephrocyten[1]), sehr große (30–50μ) Zellen, die, meist in Klumpen geballt, in Bluträumen liegen und Abfallstoffe (z. B. injizierte Farbstoffe) dem Blut entnehmen (Fehlen bei *Ricinulei* und Milben). Ob diese Speicherzellen später die Exkrete wieder abgeben, ist bei den meisten Ordnungen unbekannt.

Lymphdrüsen, die aus einer Ansammlung von blutkörperähnlichen Zellen bestehen und flüssige wie auch feste Exkrete aufnehmen. Zum Teil liegen sie dem Nervensystem auf (Kanker und *Scorpiones)*. Auch sie besitzen keinerlei ausleitende Gänge.

Malpighische Gefäße entstehen als Ausstülpungen des Mitteldarmes (also entodermal im Gegensatz zu Tausendfüßlern und Insekten). Sie bilden nahe der Kloake mündende, sehr dünne, äußerst verästelte Röhren, die zwischen den Mitteldarmdivertikeln des Hinterleibes verlaufen und nur bei Skorpionen und *Ricinulei* auch ins Prosoma eindringen (Abb. 14). Sie fehlen den *Palpigradi*, Afterskorpionen, Kankern sowie manchen Milben. Sie excernieren Guanin, das durch Kloake und Enddarm ausgeschieden wird.

Coxaldrüsen entsprechen den Antennen- bzw. Maxillardrüsen der Kruster und Tracheaten. Sie bestehen demgemäß aus dem Rest der Cölomhöhle eines Somiten (= Sacculus), einem geschlängelten Nephridialkanal (= Labyrinth) und einem Ausführgang, dem oft eine Sammelblase voraufgeht. Sacculus und Labyrinth liegen in Bluträumen und excernieren. Der Ausführgang mündet neben der Hüfte des 3. oder 5. Segmentes aus. Manche *Pedipalpi* sowie primitive Spinnen besitzen 2 Paar Sacculi und

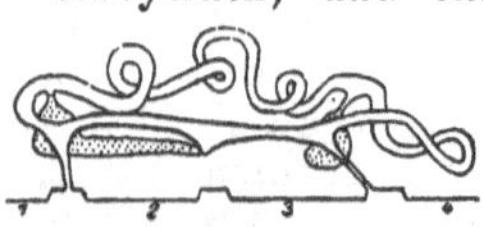

Abb. 22. Coxaldrüsen einer Körperseite einer Vogelspinne. Schema. Sacculi punktiert. Die Ziffern bezeichnen die Laufbeinhüften. Nach Buxton.

[1]) nephros = Niere, kytos = Zelle.

ebensoviel Ausmündungen, die meisten Ordnungen aber nur eines (Abb. 22). Besondere Abweichungen von dem oben geschilderten „normalen“ Bau zeigen die Coxaldrüsen der *Palpigradi*, Kanker und Walzenspinnen. Bei den letzteren befindet sich die Mündung übrigens im Segment 2.

Geschlechtsorgane

Hoden und Ovarien sind mindestens im Prinzip paarig, haben aber im ausgebildeten Zustande des Tieres sehr verschiedene Form. Sie gehen in mesodermale Vasa deferentia bzw. Ovidukte über, die sich im Somiten 8 zu einem unpaaren Uterus internus vereinigen (Abb. 14, 31). Dieser öffnet sich in einen chitinisierten Uterus externus, der mit einer unpaaren Öffnung am Hinterrande des 8. Sterniten ausmündet. Bei mehreren Ordnungen münden in den Uterus externus der Männchen und Weibchen verschiedenartige Drüsen. Echte Begattungsorgane, also einen Penis, haben nur die Kanker und einige Milbengruppen. Walzenspinnen und *Acari Parasitiformes* benutzen die Cheliceren, Spinnen die Pedipalpen (Abb. 34), *Ricinulei* und viele Wassermilben das 3. Laufbeinpaar als Gonopoden. Die Afterskorpione und manche Milben setzen kleine Sekretstäbe ab, auf die sie den Spermatropfen heften, der dann von der weiblichen Geschlechtsöffnung aufgenommen wird. (Kopula der *Skorpiones*, *Pedipalpi* und *Palpigradi* noch unbekannt.)

Die Furchung erfolgt meist nach superficiellem Modus. Es wird eine Keimscheibe gebildet, die zunächst aus einer Reihe ziemlich homonomer Somite besteht, die oft fast alle Gliedmaßenanlagen besitzen (Abb. 13). Die aus dem Ei geschlüpften Jungen ähneln bei allen Ordnungen außer bei Geißelskorpionen und manchen Milben durchaus den Erwachsenen. Bei den *Acari* und *Ricinulei* sind aber zunächst nur 3 Laufbeinpaare vorhanden.

Die postembryonale Entwicklung ist durch Häutungen ausgezeichnet, bei denen das gesamte Chitin (Kutikula, Entapophysen, Intima der ektodermalen Darmteile, Atemorgane und Geschlechtswege) abgestoßen wird.

Nur so ist ein Größenwachstum möglich. Geschlechtsreife Tiere häuten sich nicht (Ausnahmen unter Weibchen langlebiger Spinnen wie *Orthognatha* und *Filistatidae)*.

Stammesgeschichte

Die Arachniden lassen sich ungezwungen von den Merostomen ableiten. Es stimmt nämlich nicht nur die äußere Gliederung vieler *Gigantostraca* auffallend mit der der *Scorpiones* überein, sondern auch die innere Anatomie der Schwertschwänze, insbesondere die Verteilung der Blutgefäße, das Nervensystem, das Endosternit, die Histologie und Funktion der Mitteldarmdrüsen, die Lage der Atemorgane an Extremitäten usw. Im Gegensatz dazu ist es recht schwierig, die verwandtschaftlichen Beziehungen zwischen den einzelnen Ordnungen der Arachniden zu klären. Die palaeontologische Urkunde versagt dabei vollkommen, da die bekannt gewordenen Fossilien bereits alle typischen Merkmale der Ordnungen besitzen. So gleichen die bereits im Silur aufgetretenen Skorpione fast ganz den recenten. Dasselbe gilt für die älteste bekannte Milbe, die in einem devonischen Kiesel in wunderbarer Feinheit erhalten geblieben ist, wie auch für die bloßen Abdrücke der meisten anderen recenten Ordnungen, die man in Karbonschichten fand. Die auf die Steinkohlenzeit beschränkten, also ausgestorbenen Ordnungen aber bieten uns – wenigstens in dem Zustande ihrer Fossilisation – ebenfalls keine Möglichkeiten zur Entscheidung phylogenetischer Probleme. So sind wir auf vergleichend anatomische Schlüsse angewiesen. Als altertümliche Merkmale müssen gelten: reiche innere und äußere Gliederung bei Wiederholung gleichartiger Organe oder Organabschnitte in einer Folge von Segmenten.

Demnach müssen uns die Ordnungen, die über Jahrmillionen hinweg sich eine größere, auf mehrere Segmente verteilte Zahl von Ostien, Seitenarterien, Einzelganglien, Darmdivertikeln, Längsmuskelabschnitten, Atemorganen usw. erhalten haben, als die ältesten erscheinen, die weniger gegliederten (z. B. die meisten Spinnen, Milben, *Ricinulei*) als die jüngeren. Ob es richtig ist, die älteren nun gleichzeitig als die Vorfahren der anderen zu erklären, ist durchaus fraglich, zumal wir ja nur einen kleinen Ausschnitt der Arachniden, nämlich die recenten und äußerst wenige ausgestorbene Arten kennen. Unter Berücksichtigung dieser Tatsachen wolle man die folgenden knappen Bemerkungen aufnehmen. Vielleicht stellen die manchen *Gigantostraca* so ähnlichen Skorpione die Ahnenform der Arachniden dar. Ihnen stehen die Geißelskorpione nahe, diesen wieder die Geißelspinnen. Die von den beiden letztgenannten Gruppen gebildete Ordnung *Pedipalpi* scheint dann eine zentrale Stellung innerhalb der Spinnentiere anzunehmen. Sie bietet nicht nur Beziehungen zu den Skorpionen, sondern über die Geißelspinnen hinweg auch recht enge anatomische Verwandtschaften zu den Spinnen. Ferner wiederholt sich die Mundbildung der Geißelskorpione bei den sonderbaren *Ricinulei* und manchen Milben, ihre Körpergliederung aber bei den winzigen *Palpigradi*, so daß vielleicht auch diese Ordnungen in ihrem Ursprung den Ahnenformen der Geißelskorpione nahestehen. Auch die Afterskorpione könnte man von den Ahnen der Geißelskorpione ableiten. Dagegen erscheinen uns ganz isoliert die äußerlich so primitiven Walzenspinnen, mit deren homonomer Gliederung das komplizierte Tracheensystem in so merkwürdigem Widerspruch steht, und die Weberknechte, die bei altertümlicher Außengliederung sehr konzentrierte abgeleitete innere Organisation und abweichende Mundbildung zeigen.

1. Ordnung: *Scorpiones*, Skorpione

Kennzeichen: Hintere 5 Segmente zu einem schmalen Metasoma verengt, das endwärts eine Giftblase mit Stachel trägt.

Eine ganz einförmige Gruppe, die seit dem Silur (älteste Landtiere!) starr ihre Körperform bewahrt hat. Gliederung S. 18 und 19. (Abb. 5, 23). Prosoma und Opisthosoma innerlich durch eine Scheidewand (Diaphragma) getrennt. Nervensystem S. 26. Zum Unterschlundganglion haben sich die Neuromere 2–11 zusammengeschlossen, während die übrigen Ganglienpaare, durch lange Konnektive verbunden, eine Kette im Opisthosoma bilden (Abb. 23). Als Sinnesorgane unbekannter Bedeutung fungieren die Kämme, die von den Gliedmaßenknospen des Somiten 9 gebildet werden und auf ihren Zinken Sinnesfelder tragen (Abb. 10). Neben paarigen Mittelaugen sind jederseits 2–5 Seitenaugen anderer Bauart vorhanden. Die Cheliceren, klein und 3gliedrig, bilden zusammen mit der Oberlippe das Dach eines Mundvorraumes, dessen Seitenwände die großen Pedipalpenhüften und dessen Boden ladenartige Fortsätze des 1. und 2. Laufbeines darstellen (Abb. 10). Der Mitteldarm erfüllt Pro- und Mesosoma mit seinen verästelten Divertikeln, die durch 1 Gang im Prosoma und 5 Gänge im Segment 8–12 mit seinem Kanal in Verbindung stehen (Abb. 23). Der hintere Gang gibt Äste rückwärts bis in den Ring 16 ab.

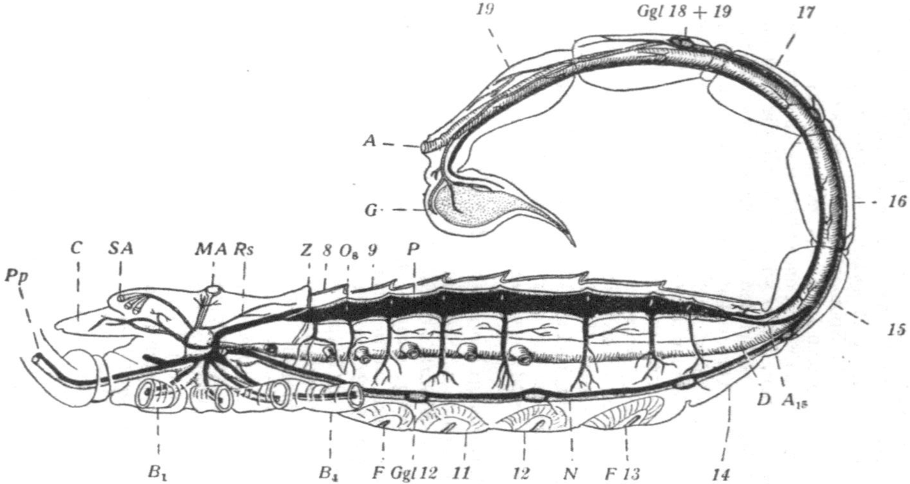

Abb. 23. Situs eines Skorpions. Arteriensystem schwarz eingetragen. Nervensystem durch Punktierung, Darmkanal durch Schraffierung schattiert. Von den Blindsäcken des Darmes wurden nur die Mündungen gezeichnet. Die Ziffern bezeichnen die Segmente. *A* After; *A 15* hinterste Seitenarterie des Herzens; *B 1*, *B 4* 1. bzw. 4. Laufbein samt zugehörigem Nerv und zugehöriger Arterie; *C* ***Chelicere***; *D* Darmkanal; *F* Stigma der vorderen Fächertrachee; *G* Giftdrüse; *Ggl* Einzelganglion; *MA* Mittelauge; *N* Nervenstrang der Ganglienkette des Hinterkörpers; *O* Ostium; *P Perikard*; *Pp Pedipalpus*; *Rs* ***Arteria supracerebralis***; *SA* Seitenaugen; *Z* Zwerchfell. Nach Newton und Kaestner.

Das Herz hat 7 Paar Ostien und entsendet 9 Paar Seitenarterien sowie Kopf- und Schwanzaorta (Abb. 23). Wie bei Limulus versorgen die Seitenarterien hauptsächlich die dorsalen Körperteile, während sich die Aorta anterior zur Ventralseite wendet, um sich hier – grundsätzlich wie bei den Xiphosuren – aufzuteilen: Von der Hinterfläche des Hirnes aus sendet sie jederseits Zweige an dieses selbst, die Augen und Cheliceren. Außerdem gibt sie die paarige kurze Arteria crassa[1]) ab. Diese liegt jederseits neben dem Unterschlundganglion, versorgt mit 5 lateralen Arterien die Gliedmaßen 2–5 und gibt außerdem nach der Körpermitte hin 7 Äste ab, die wie Brücken auf der Oberseite der Unterschlundmasse zur Arteria crassa der anderen Körperseite ziehen.

Aus dem 7. dieser Queräste entspringt die Arteria spinalis[2]), die auf den Konnektiven rückwärts bis ins 18. Segment zieht (Abb. 23). Interessant sind die senkrechten Arteriae ganglionares, die die Arteria spinalis an der Vorder- und Hinterseite jedes Ganglions zu diesem entsendet. Dies geschieht nicht nur bei den freien Knoten 12–19 des Hinterleibes, sondern auch bei den im Unterschlundganglion zusammengeschlossenen Neuromeren 8–11, die auf diese Weise durch je eine Ader gegeneinander abgegrenzt werden. Dasselbe gilt aber auch für die Extremitätenganglien, zwischen die jede brückenartige Verbindung der Arteriae crassae eine Arteria ganglionaris schickt und sie so voneinander trennt. So deutet also nicht nur die Lage der Ostien und großen Seitenarterien, sondern auch die mancher ventraler Arterienäste deutlich auf eine ehemalige Segmentierung des Kreislaufsystems hin. Von den 4 Paar Fächertracheen führen – den 7 Paar Ostien entsprechend – 7 Paar Lungenvenen das mit O_2 angereicherte Blut ins Perikard. (Die Fächertrachee im Segment 10 versorgt dabei die Ostien der Somite 8–10, Fächertrachee 13 aber Ostienpaar 13 und 14.)

Die Exkretion wird von Nephrocyten, Malpighischen Gefäßen, paarigen und unpaarigen Lymphdrüsen sowie Coxaldrüsen besorgt (S. 36). Die letzteren münden an der 5. Laufbeinhüfte aus.

Die Geschlechtsöffnung liegt unter dem kleinen Sternit 8 (Abb.10). Der Kopula geht ein langes Vorspiel vorauf, während dessen das Männchen das Weibchen mit den Scheren an den „Händen“ faßt und so mit ihm vor- und rückwärts läuft. Der Befruchtungsakt ist unbekannt. Die meisten Skorpione legen

[1]) crassus = dick.
[2]) spina = Rückgrat, also Rückenmarkarterie.

Eier, die gleich nach der Geburt schlüpfen. Manche Scorpionidae dagegen gebären lebendige Junge, die durch besondere Vorrichtungen im Ovarium von der Mutter ernährt worden sind. Die Jungen werden immer eine Zeitlang auf dem Rücken getragen.

Über 600 Arten von 13–180 mm Länge, die sämtlich abgeflachte Spaltenbewohner sind und hauptsächlich in Steppen, wüsten Vorgebirgen usw. unter Steinen, seltener in feuchten Biotopen unter Baumrinde, in Palmblattscheiden usw. leben. Nachttiere, die mit vorgehaltenen Scheren, auf denen Trichobothrien stehen, umherlaufen wie der Blinde mit seinem Stock. Sie erbeuten Schaben, Käfer, Heuschrecken usw. Die Beute wird mit einer Schere gepackt. Wehrt sie sich heftig, so biegt sich der Giftstachel über den Rücken, gleitet vorsichtig wie tastend auf der Beute entlang und sticht dann in eine Gelenkhaut ein, wodurch Insekten meist sofort regungslos zusammenfallen. Die Pedipalpen übergeben die Beute dann den Cheliceren, die in abwechselndem Vor- und Rückstoßen die Haut aufreißen und die Eingeweide hervorziehen, die im Mundvorraume durch Außenverdauung aufgelöst und durch die enge Mundöffnung eingesogen werden. Das Gift wird in 2 Giftdrüsen erzeugt, die im Telson nebeneinander liegen. Das Sekret wird durch je eine Öffnung an der Seite des Stachels ausgespritzt. Es tötet Insekten sofort. Manche Arten können dem Menschen starke Schmerzen zufügen (südeuropäische und afrikanische Buthus), ja es sind aus Indien sogar einwandfrei Fälle von Stichen mit tödlichem Ausgang bekannt.

Euscorpius Thorell, kleine, bis 5 cm lange Arten, die bis Südtirol vordringen (Abb. 5). — *Buthus* Leach, viel größer, im mediterranen Gebiet und bis nach Südafrika und Indien verbreitet, teilweise mit starker Stichwirkung. — *Pandinus* C. L. Koch in Afrika, mit den größten, auffallend blauschwarzen Arten.

2. Ordnung: *Pedipalpi*[1]), Geißelfüßler

Kennzeichen: Hinterkörper 12gliedrig. 1. Laufbein zu einem endwärts fühlerartig gegliederten Tastbein umgebildet. Laufen demgemäß nur mit dem 4.–6. Gliedmaßenpaar. Flache Spaltenbewohner, die den Tropen angehören, aber auch in die Subtropen (nicht nach Europa!) vorstoßen.

[1]) pes = Fuß, palpare = streicheln.

1. Unterordnung: *Uropygi*[1]) (Abb. 6).

Kennzeichen: Segmente 16–18 sehr klein und ringförmig, ein Telson tragend.

1. Tribus: *Schizopeltidia*[2]).

Kennzeichen: Prosoma geteilt in Proterosoma und Segment 5 und 6. Die Pedipalpen bilden vertikal getragene, noch beinähnliche Raubbeine. Das Flagellum[3]) hat nur 2–3 Glieder. Keine Augen. 1 Paar Fächertracheen. Herz auf den Hinterkörper beschränkt, mit 5 Paar Ostien. Mundvorraum und Lebensweise ähnlich der folgenden Tribus.

Etwa 35 tropische Arten von nur 2,5–6 mm Länge mit manchen primitiven Zügen. — *Trithyreus* Kraepelin.

2. Tribus: *Holopeltidia*[4]), Eigentliche Geißelskorpione (Abb. 6).

Kennzeichen: Prosomarücken ungegliedert. Flagellum vielgliedrig; Pedipalpen bilden starke Scheren.

Gliederung S. 20. Cheliceren S. 22. Pedipalpenhüften unter der Oberlippe längs der Mittellinie des Körpers verwachsen und so den trogförmigen Boden und die Seitenwände eines waagerechten Mundvorraumes bildend, dessen Decke die Oberlippe darstellt. 1 Paar Mittel- und 3 Paar Seitenaugen von verschiedenem Bau. Das Unterschlundganglion umfaßt die Neuromere 2–13, während die übrigen (14–18) im hinteren Teil des Opisthosoma einen Knoten bilden. Die Darmdivertikel nach dem verästelten Typus gebaut, doch treten aus ihnen im Prosoma 3–4 Paar Schläuche hervor, von denen jeder zu einer Beinhüfte zieht. 2 Paar Fächertracheen, am Hinterrande des 8. und 9. Sternites mündend. Herz sehr urtümlich, sogar noch im Prosoma erhalten, rückwärts bis zum Vorderrand des Tergites 14 reichend, mit 2 Paar Ostien im Prosoma und 7 Paaren im Opisthosoma. Im Hinterleib mit 7 Paar Seitenarterien. Verlauf der Arterien grundsätzlich wie bei den Skorpionen. Exkretion wird durch Nephrocyten, Malpighische Gefäße und Coxaldrüsen versorgt. Letztere werden durch 2 Sacculi (Somit 4 und 5) dargestellt, deren Labyrinthe ineinander übergehen und gemeinsam bei der Tastbeinhüfte münden.

Knapp 70 Arten von 18–75 mm Länge, bereits im Karbon auftretend. Tagsüber unter Steinen, faulendem Holz, abgefallenen Blättern, auch in Erdgängen, die sie mit den Scheren gegraben haben. Nachts gehen sie mit vorgestreckten Pedipalpen und Tastbeinen auf Jagd. Fangen mit den Scheren Insekten und töten sie durch Zerquetschen. Die Pedipalpen halten

[1]) ura = Schwanz, pyge = Steiß. [2]) schizo = spalte, pelte = Schild. [3]) Geißel. [4]) holos = ganz.

das Opfer dann vor die Cheliceren, die das Chitin zerreißen und die inneren Teile hervorziehen. Die Außenverdauung erledigt die weitere Zerkleinerung. Wird ein Geißelskorpion angegriffen, so hebt er Hinterkörper und Flagellum und stößt eine etwa 30 cm lange Wolke aus, die stark nach Ameisensäure, Essigsäure oder Chlor riecht und auf der Haut, insbesondere den Schleimhäuten sehr heftig brennt. Die Flüssigkeit stammt aus 2 großen Analdrüsen, die vom 10. Segment aus bis neben den After reichen und hier jederseits unter einem beweglichen Dekkel münden.

Beim Vorspiel zur Begattung faßt das Männchen mit seinen Scheren die Spitzen der gekreuzten Tastbeine des Weibes und geht so mit ihm vor- und rückwärts. Die eigentliche Kopula ist noch unbekannt. Zur Eiablage gräbt sich das Weibchen — bis 25 cm tief im Boden — eine apfelgroße Höhlung. Hier legt es seine Eier, die in einen Beutel gleiten, der aus ausgeflossenem und erhärtetem Sekret von Genitaldrüsen besteht. Der Eisack haftet an der weiblichen Geschlechtsöffnung, und das Weibchen verharrt regungslos in seiner Höhle. Die ausgeschlüpften Jungen gleichen nicht den Erwachsenen. Sie haben noch ganz einfache, beinförmige Pedipalpen, keinen Mundvorraum, Saugscheiben an den Füßen, eine reich gegliederte Ganglienkette usw. Auf dem Rücken der Mutter machen sie eine Verwandlung durch, die mit der nächsten Häutung abgeschlossen wird, worauf sie den Alten grundsätzlich ähneln. — *Thelyphonus* Latreille, *Mastigoproctus* Pocock.

2. Unterordnung: *Amblypygi*[1]), Geißelspinnen (Abb. 24).

Kennzeichen: Die letzten 3 Segmente des Hinterleibes bilden weder ein Schwänzchen noch tragen sie ein Flagellum.

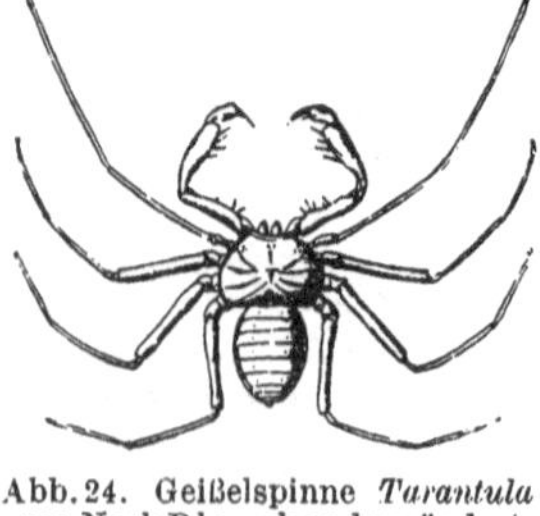

Abb. 24. Geißelspinne *Tarantula spec.* Nach Blanchard verändert.

Körpergliederung und innere Anatomie zweifellos mit denen der Geißelskorpione verwandt. Während diese aber an die Skorpione erinnern, haben die Amblypygi viel Gemeinsames mit den Spinnen. Gliederung S. 20. Pedipalpen, stets waagerecht getragen, bilden entweder eine sehr langgestielte, kleine Schere oder einen langstacheligen Fangkorb, in den die Beute mit schnellem

[1]) amblys = stumpf, pyge = Steiß.

Vorstoß eingeklemmt wird. 1 Paar Mittel- und 3 Paar Seitenaugen. Nerven S. 25. Pedipalpenhüften nicht miteinander verwachsen. Zwischen ihnen ein Fortsatz des 3. Sternum als Unterlippe. Wie Araneae mit prae- und postcerebraler Saugpumpe, auch Mitteldarm spinnenähnlich (S.30). Herz verkürzt, auf den Hinterkörper beschränkt, mit 6 Paar Ostien und ebensoviel Seitenarterien. Arteriensystem grundsätzlich dem der *Araneae* ähnelnd. Wie bei Vogelspinnen 2 Paar Fächertracheen, am Hinterrande der Sternite 8 und 9 ausmündend. Bei manchen Arten 1 Paar Ventralsäcke zwischen den Stigmen der hinteren Lungen (S. 34). Teils nur 1 Paar Coxaldrüsen, das am Tastbein mündet, teils ein weiteres schwach entwickeltes Paar, das sich an der 5. Hüfte nach außen öffnet.

Etwa 55 Arten von 7–35 mm Länge mit oft sehr gestreckten Gliedmaßen, insbesondere meist außerordentlich langen Tastbeinen. Leben an gleichen Orten wie Uropygi, aber auch in Höhlen und in Wohnungen. Rennen sehr geschwind, meist seitwärts wie die Krabben, fangen nachts Insekten und tragen wie Uropygi den Eisack an die Geschlechtsöffnung geheftet, bei sich. — *Damon* C. L. Koch, *Tarantula* F.

3. Ordnung: *Palpigradi*[1]), Palpigraden

Kennzeichen: Kleintiere von 0,6–2,8 mm Länge (Abb. 25), Prosoma geteilt in Proterosoma sowie Segmente 5 und 6; letzte 3 Somiten des Hinterkörpers (15–17) schmal und ringförmig, ein langes gegliedertes Flagellum tragend wie die Uropygi. Cheliceren lang, 3 gliedrig, Pedipalpen beinförmig.

Interessant ist die Nichtbeteiligung der Hüften an der Mundbildung, die demgemäß zu der primitivsten aller Arthropoden gehört. Das 1. Laufbeinpaar wird nicht zum Gehen, sondern zum Tasten verwendet und ist reich mit Sinneshaaren sowie mit 7 posttibialen Gliedern versehen. Die Kleinheit des Körpers bedingt viele Vereinfachungen der Organe (Darmdivertikel nicht verästelt, Malpighische Gefäße fehlen, Herz fehlt, Atemorgane fehlen bis auf 3 Paar Ventralsäckchen auf den Sterniten 10–12).

Abb. 25. *Palpigradi. Koenenia mirabilis* Grassi. Körperlänge 1,5 mm. Nach Hansen.

[1]) palpare = streicheln, gradior = ich gehe.

20 Arten aus verschiedensten Weltgegenden (nächster Fundort: Höhle bei Innsbruck). Unter Steinen auf feuchtem Boden. Laufen schnell auf den Pedipalpen und den Laufbeinen 2–4 dahin, Beinpaar 1 wird dabei zum Tasten vorgestreckt. Lebensweise unbekannt.

Koenenia Grassi (Abb. 25).

4. Ordnung: *Araneae*, Spinnen

Kennzeichen: Vorder- und Hinterkörper durch einen dünnen Stiel miteinander verbunden. Hinterleib mit 1–4 Paar Spinnwarzen ausgestattet.

Abgesehen von den *Mesothelae* und frisch geschlüpften Jungtieren ist das Opisthosoma der Spinnen stets ein ungegliederter, dehnbarer Sack. Freilich bezeichnen bei allen Arten die Stigmen der Atemorgane zeitlebens den Hinterrand des 8. und 9. Sternites, der Stiel aber die Grenzen des 7. Somiten (Abb. 17, 26). Außer bei den *Mesothelae* werden bei allen Spinnen die Spinnwarzen während der Ontogenie ans Ende des Hinterleibes verlagert, bei den Vogelspinnen durch starke Verlängerung des 10., bei den *Labidognatha* dagegen fast immer des 9. Sternites (Abb. 17, 26). Die hinter den Spinnwarzen liegenden Sternite 12–18 werden dabei fast völlig unterdrückt. Die biologische Bedeutung dieses Prozesses liegt auf der Hand: Vom Prosoma aus kann der Hinterleib an seinem beweglichen Stiel nach allen Richtungen hin gedreht werden, beinahe als sei er eine Extremität. Liegen nun die Spinnwarzen an seiner „Spitze", so kann die Spinne sie weit umherschwenken, um Ansatzpunkte zu erreichen, einem Gegner hindernde Fäden anzuheften usw. Die Cheliceren sind stets zweigliedrig (Abb. 28). Auf ihrem klauenförmigen Endglied mündet an der konvexen Seite nahe der Spitze eine Giftdrüse, die bei den meisten deutschen Arten weit bis ins Prosoma zurückreicht und von spiralig verlaufenden Muskeln umhüllt ist (Abb. 14). Die Pedipalpen sind bei den Mesothelae und vielen Vogelspinnen beinförmig, bei den meisten anderen Arten aber zu Tastern verkleinert. Die Beine enden mit paarigen Kammkrallen, die zum Auftreten und Erfassen von Spinnfäden dienen. Bei den *Trionychae* (Dreikraller) gesellt sich eine kleine unpaarige Mittelkralle von einfacher Hakenform hinzu, die beim Laufen im Netz eine wichtige Rolle spielen kann. Die *Dionychae* (Zweikraller) dagegen haben unter den Kammkrallen sehr oft ein dickes Büschel spatelförmiger Hafthaare (Skopula) (Abb. 27). Alle Neuromere haben sich im Ober- und Unterschlundganglion zusammengeschlossen (bei *Lipistius* noch 18, sonst entsprechend der ventralen Reduktion 12) (Abb. 14). Das Hirn zeigt je nach der Lebensweise der Familien große Unterschiede. Bei den Jagdspinnen enthält es: a) als Sinneszentren für Mittel- und Seitenaugen je 2 Sehmassen und je eine hintere Sehbahn, b) als Assoziationsorgane Globuli mit Stiel und Brücke (die als sekundäre Sehkommissur dient), sowie einen Zentralkörper. Den Netzspinnen fehlen die Globuli, von der Brücke sind nur manchmal noch Spuren vorhanden, und die 2. Sehmasse der Seitenaugen ist verschwunden. Die Hauptrolle im Gebiet der Sinne spielen Tastsinn und Erschütterungssinn. Letzterer dient bei Netzspinnen der Auffindung der Beute im Netz, der Wahrnehmung des Werbens der Männchen usw. Vorhanden sind außerdem Schwere-, Spannungs-, Wärme-, Geruchs-, Geschmacks- und kinaesthetischer Sinn. Die Receptoren sind nur für den Geschmackssinn teilweise bekannt. Vielleicht ist der Geruchssinn an eine kleine, hohlkugelförmige Einsenkung mit inneren Sinnesfortsätzen gebunden, die sich an jedem Tarsus findet. Die Bedeutung der oft in ganzen Reihen auftretenden Sinnesspalten ist noch ungeklärt. Meist sind 8 Augen vorhanden, selten 6, 4 oder gar nur 2 (S. 28). Ihre Achsen sind nach den verschiedensten Richtungen

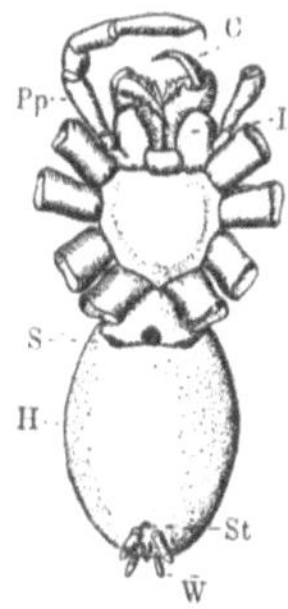

Abb. 26. Labidognathe Spinne, von unten gesehen. *C Chelicere*; *H* Hinterkörper; *L* Lade des *Pedipalpus Pp*; *S* Stigma der Fächertrachee (Hinterrand des Somiten 8); *St* Stigma der Röhrentrachee (Hinterrand des gestreckten Somiten 9); *W* Spinnwarzen (Extremitäten der Somiten 10 und 11). Nach Kaestner.

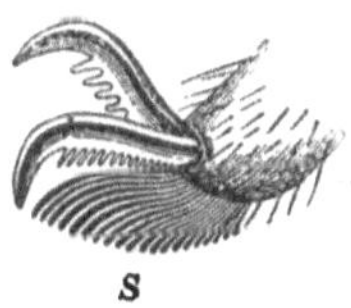

Abb. 27. Fußkrallen und Hafthaarbüschel (*S*) einer Springspinne. Nach Hermann aus Claus Grobben.

Abb. 28. Kreuzspinne. Stirnseite des Körpers. Nach Dahl. Höhe 2,8 mm.

eingestellt, so daß alle 8 zusammen fast den ganzen Umkreis der Spinne überblicken. Meist — so bei fast allen Netzspinnen — bilden sie 2 Reihen (Abb. 28). Bei den Jagdspinnen erlaubt die Größe der Augenbecher oft diese Anordnung nicht. Dann sind sie in 3 oder 4 Reihen gestellt (Abb. 29). Bildsehen ist lediglich für die sehr großen, fernrohrartig gestreckten vorderen Mittelaugen der Springspinnen nachgewiesen, die für ihre Träger etwa die gleiche Bedeutung haben, die fürs menschliche Auge der gelbe Fleck besitzt, während die Seitenaugen die Rolle der menschlichen Netzhautperipherie spielen. Bei den übrigen Jagdspinnen sind die Winkelabstände der Netzhautzellen so groß, daß das kleine von der

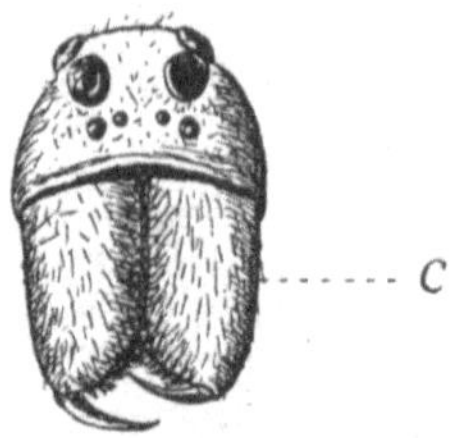

Abb. 29. Wolfspinne. Stirnseite des Körpers. *C Chelicere*. Nach Comstock, verändert.

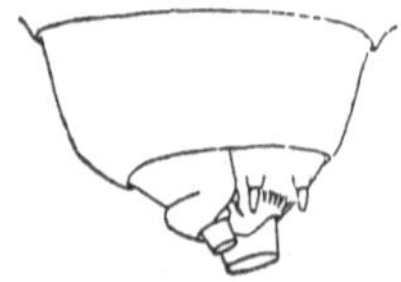

Abb. 30. Fettspinne (*Steatoda*). Hintere Spinnwarze. Durchm. 0,3 mm. Die beiden größten Spinnspulen dienen zum Bewerfen der Beute. Nach Hopfmann.

Linse entworfene Bild nur ganz grob aufgelöst werden kann und nicht zur Erkennung der Beute ausreicht. Es wird also lediglich die Bewegung der Beute, des Feindes oder Geschlechtspartners wahrgenommen. Welche Rolle die Augen im Leben der Netzspinnen spielen, ist noch unerforscht; die Trichterspinnen *(Agelenidae)* orientieren sich damit in ihrer Umgebung nach der Verteilung großer heller und dunkler Flecke. Sie finden auf diese Weise den Rückweg zu ihrem Schlupfwinkel usw. Der feinere Bau insbesondere der 6 Seitenaugen ist bei den einzelnen Gruppen überaus verschieden, wie auch die Zahl der Retinazellen, die Form der Linse, das Auftreten eines Tapetums usw.

Der Mund der Spinnen bildet einen äußerst schmalen Spalt zwischen Ober- und Unterlippe. Bei den Vogelspinnen *(Orthognatha)* liegen vor ihm die mächtigen waagerechten Cheliceren. Diesen schmiegen sich seitlich die Pedipalpenhüften an. Die dichten ventralen Borstensäume dieser beiden Coxen umgrenzen einen V-förmigen Raum, der vorn die Giftklauen der Cheliceren umschließt, die die Beute halten, und hinten vom Hinterrand der Unterlippe abgeschlossen wird. So wird eine Stauung des gelösten Beutesaftes vor dem Munde und seine Ableitung zur Mundspalte bei gleichzeitiger Durchsiebung ermöglicht (Abb. 17). Bei den *Labidognatha* stehen die Cheliceren senkrecht (Abb. 14, 28, 29). Ihre Grundglieder wirken im Gegensatz zu allen anderen Arachniden nicht parallel zueinander, sondern wie die Kiefer der *Tracheata* zangenartig gegeneinander. Demgemäß drücken beim Biß nicht nur die Klauenmuskeln, sondern auch die Muskeln der Grundglieder die Gifthaken in das Opfer. Außerdem werden beim Spreizen der Klauen gleichzeitig die Grundglieder gespreizt, wodurch sich die Spannweite der Klauenspitzen so vergrößert, daß eine labidognathe Spinne die 3fache Greifspanne einer Vogelspinne mit gleichlangen Gifthaken besitzt. Dieser Überlegenheit entsprechend, haben die *Labidognatha* Kleinformen hervorgebracht, während die *Orthognatha* nicht unter 6 mm Körperlänge heruntergehen, und die Artenzahl der *Labidognatha* übertrifft die der *Orthognatha* um mehr als das Zehnfache. Die Pedipalpenhüften haben große Laden ausgebildet, die sich meist der Vertikalstellung der Cheliceren angeschlossen haben und nun mit den Cheliceren zusammen einen vertikalen Vorraum unter der Mundspalte bilden (Abb. 26, 31). Die Beute wird von manchen Familien lediglich an

Abb. 31. Kreuzspinne, von der Seite und unten gesehen. Hinterleib geöffnet. Am Vorderende (oben) die Augen, darunter die Cheliceren mit den Giftklauen, unter denen die rundlichen Gnathocoxen deutlich sichtbar sind, an denen die kurzen beinförmigen Taster stehen. An der Basis des Hinterleibes ist der Deckel der Fächertrachee aufgeschnitten. Man sieht deutlich die Atemtaschen. Im eröffneten Hinterleib sind von links nach rechts aufeinanderfolgend zu erkennen: Spinndrüsen, Eierstock, Mitteldarmkanal, Herzschlauch innerhalb der Divertikel der Mitteldarmdrüse. Nach Pfurtscheller aus Wiehle.

einer Stelle von den Cheliceren angestochen, vergiftet und dann von da aus innerhalb ihrer sonst gänzlich unversehrten Chitinhülle durch Verdauungssaft aufgelöst. Andere Gruppen, wie die Kreuzspinnen und Winkelspinnen, stechen die Beute an sehr verschiedenen Stellen an und drehen, quetschen und pressen sie beim Aussaugen zwischen den Cheliceren, so daß sie zu einem formlosen Klumpen zerdrückt wird. Darm, S. 30.

Die Coxaldrüsen sind bei sehr vielen Netzspinnen nur schwach entwickelt, da wahrscheinlich viele Exkrete bei der Bereitung des Spinnsaftes verwertet und ausgeschieden werden. Malpighische Gefäße und Nephrocyten sind stets vorhanden. Die Spinnwarzen entstehen aus den Gliedmaßenanlagen des 9. und 10. Segmentes, die sich meist in ein äußeres und ein inneres Paar spalten, so daß z. B. bei *Lipistius* 4 Paar Spinnwarzen vorhanden sind, 2 vordere und 2 hintere Paare. Das innere vordere Paar bildet sich bei den meisten anderen Familien zurück. Es können aber auch weitere Warzenpaare bis auf eines schwinden. Bei primitiven Arten sind die äußeren Spinnwarzen meist fingerförmig und mehrgliedrig. Neben Haaren stehen auf ihnen feine Kanülen, denen der Spinnstoff entströmt (Abb. 30). Je nach der Lebensweise sind diese Spinnspulen mit sehr verschieden gestalteten Spinndrüsen verbunden, die auf der Unterseite des Hinterleibes liegen. Bei den hochentwickelten Kreuzspinnen finden wir 6 Arten: 3 Paar große röhrenförmige (für Kokonbau), 2 Paar große ampullenförmige (für Netzfäden), 2 Paar umfangreiche gelappte Leimdrüsen (für Fangfadenüberzug), 1 Paar lange Drüsen (für den Grundfaden der Fangspirale) sowie zahlreiche kleine beeren- und zahlreiche kleine birnförmige (für Netzfäden) (Abb. 31). Jeder Drüsenform entspricht eine charakteristische Spulensorte. Bei manchen Spinnen hat sich das vordere innere Warzenpaar zu einer extrem kurzen, unpaarigen Warze mit sehr breiter Endfläche umgebildet, die oft mehrere tausend Spinnspulen trägt und wie ein Sieb aussieht [Cribellum[1])]. Solche Spinnen besitzen stets am 4. Metatarsus eine einfache oder Doppelreihe von Borsten [Calamistrum[2]) (Abb. 33)]. Diese wird beim Spinnen schnell unter dem Cribellum von rechts nach links hin und her bewegt, wobei aus den vielen Cribellumspulen eine Leimmasse herausquillt, die nun auf schon gesponnene Fäden aufgelegt und von gekräuselten Fädchen umgrenzt wird. Derartige Fäden sind überaus fängig.

Die 2 Paar Atemorgane (Segment 8 und 9) bestehen aus Fächer- oder Röhrentracheen (S. 31). Je nach Familie, sind die

[1]) cribellum = kleines Sieb. [2]) calamistrum = Brennschere.

Arten ausgerüstet: a) mit nur 1 Paar Atemorganen, entweder Fächer- oder Röhrentracheen; b) mit 2 Paar Fächertracheen; c) mit 1 Paar Fächer- und 1 Paar Röhrentracheen; d) mit 1 Paar Fächer- und 1 Paar Röhrentracheen, zu denen noch die tracheenartig umgeformte Entapophyse des Segmentes 9 kommt, die ein einfaches Rohr bilden oder verzweigt sein kann; e) 2 Paar Röhrentracheen. Im Zusammenhang mit dieser verschiedenen Ausbildung der Atemorgane zeigt auch das Kreislaufsystem Abweichungen. So haben die Familien mit 2 Paar Fächertracheen, die den Sauerstoff mit Hilfe des Blutes im Körper umhertreiben müssen, ein stark ausgebildetes Gefäßsystem (*Lipistius:* 5 Paar Ostien, 5 Paar Seitenarterien im Somit 8–12; *Orthognatha:* meist 4 Paar Ostien im Somit 8–11 und 3 Paar Seitenarterien im Somit 9–11). Die meisten *Labidognatha*, die ja im 9. Segment Röhrentracheen haben, besitzen dagegen nur 3 Paar Ostien und ebensoviel Seitenarterien, Formen mit stark verästelten Tracheen wie die *Dysderidae* sogar nur 2 Ostienpaare, indem das Herz sich hinten verkürzt. Die Verteilung der Arterien entspricht grundsätzlich der bei den Skorpionen gegebenen Schilderung. Bei den mit vielen Tracheenästen versehenen Arten sind weniger Arterienäste ausgebildet.

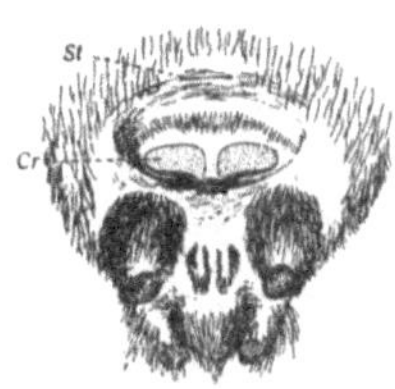

Abb. 32. *Amaurobius.* Spinnwarzen samt *Cribellum* (*Cr*) und dem davor liegenden Tracheenstigma (*St*). Nach Nielsen.

Die Männchen benutzen einen Tarsalanhang der Pedipalpen (wohl umgewandelter Prätarsus) als Samenüberträger (Abb. 34). Sie füllen ihn, indem sie unter reibenden Bewegungen einen Spermatropfen aus der Geschlechtsöffnung auf eine Fadenbrücke absetzen und diesen mit dem Anhang auf-

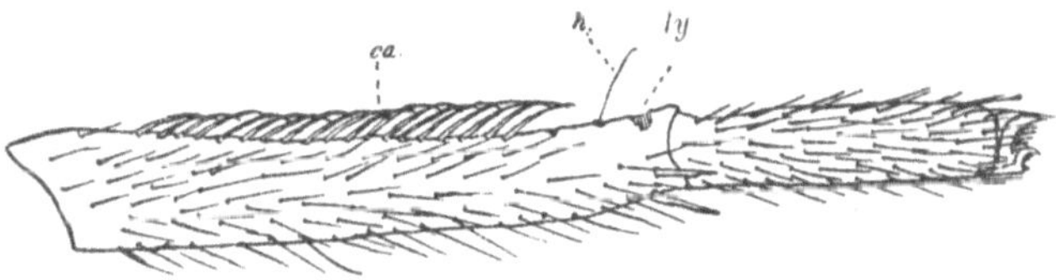

Abb. 33. *Dictyna.* Hinterbein mit *Calamistrum* (*ca*), *h* Becherhaar; *ly* Spaltorgangruppe. Nach Dahl.

tupfen. Die Weibchen weisen in der Gruppe der *Enteleggynae* vor der Genitalspalte eine chitinisierte Platte [Epigyne[1]], auf, die die Mündungen der Receptacula seminis trägt (Abb. 14, 26, 31). Die männlichen Gonopoden[2]) sind so eingerichtet, daß ihre Anhänge in diese Epigyne eingesetzt werden können „wie der Schlüssel ins Schloß". Der Kopula gehen meist Vorspiele voraus, die zumindest in ruckweisen zitternden Bewegungen des männlichen Hinterleibes bestehen, meist aber ergänzt werden durch rhythmisches Zupfen an weiblichen Neströhren oder Fäden, die an das weibliche Netz angesponnen worden sind. Sie bewirken nicht nur eine geschlechtliche Erregung des Weibchens, sondern auch sozusagen eine „Ausklinkung des Beutetriebes", den sonst ein Lebewesen von Männchengröße in ihnen erregt. Bei Hüpfspinnen, die ja optisch orientiert sind, vollführen die Männchen vor den Weibchen rhythmische Bewegungen (Tänze) bestimmter, meist durch Stärke oder Färbung auffallender Gliedmaßen, die die gleiche Wirkung haben (Abb. 35). Nach erfolgter Kopula besteht bei gewissen Arten manchmal — selten immer — für das schwächere Männchen Gefahr, aufgefressen zu werden. Die abgelegten Eier werden meist in Spinnstoff eingehüllt. Dies dürfte vielleicht die primäre Verwendung des Spinnstoffes sein. Er wird außerdem benutzt zum Bau von Häutungs-, Wohn- und Überwinterungssäckchen, zum Fesseln der Beute, zur Anlage eines Sicherheitsfadens, den die meisten Arten beim Laufe stets hinter sich abspulen, und der sie vor Gefahr beim Abstürzen von Gesträuch usw. bewahrt. Jungspinnen und die sehr oft kleinen Männchen benutzen ihn außerdem zur Anlage

Abb. 34. Männlicher Taster von *Segestria* mit Samenschlauch im Kopulationsorgan. Nach Gerhardt.

Abb. 35. Männchen der Springspinne *Euophrys* beim „Werbetanz", von vorn gesehen. Nach Bristowe.

[1]) epi = auf, gyne = Weib. [2]) gonos = erzeugt, pus-podos = Fuß.

eines Luftfloßes. Sie strecken zu diesem Zwecke, auf dem Gipfel einer Ackerscholle oder der Spitze eines Zweiges sitzend, den Hinterleib hoch in die Luft, pressen einen Faden aus und verlängern ihn so lange, bis sein Auftrieb genügt, die Spinne zu tragen. Sie können auf diese Weise weite Strecken überfliegen (sind auf Schiffen in über 100 km Entfernung vom Festland gelandet). Die Männchen vieler seßhafter Arten suchen so ihre Weibchen auf, und ihre geringe Körpergröße wird mit dieser Form der Fortbewegung erklärt. Außerdem spinnen zahlreiche Genera ein mehr oder weniger kompliziertes Fangnetz im Gegensatz zu den Jagdspinnen, die ihre Beute in direktem Angriff ergreifen.

Etwa 20000 Arten (62 Familien) von knapp 1–90 mm Körperlänge (deutsche Arten durch ° gekennzeichnet).

1. Unterordnung: *Mesothelae*. Spinnwarzen mitten auf dem Hinterleib (Abb. 9, 17). Hinterleib gegliedert (Abb. 9, 17).

9 Arten von 11–35 mm Länge, Birma, Malakka, Tonking, Kiushiu. *Lipistius desultor* Schiödte gräbt eine bis 60 cm lange Röhre, die sich am Ende kammerartig erweitert. Mündung durch Falltür verschlossen und mit 6–8 strahlenförmig davon ausgehenden Stolperfäden versehen. Spinne hält Deckel tagsüber mit Cheliceren zu. *Heptathela* Kishida.

2. Unterordnung: *Orthognatha*. Cheliceren waagerecht in der Körperlängsachse wie bei den *Mesothelae* (Abb. 9, 17). Spinnwarzen am Hinterleibsende. Über 1500 Arten von 6 bis 90 mm Körperlänge (ohne Cheliceren!). Stets 2 Paar Fächertracheen. Lebensweise sehr verschieden, wobei Parallelen zu den *Labidognatha* auftreten.

Familie: *Ctenizidae*. Alle 530 Arten graben eine Erdröhre, deren Wandung sie oft mit Spinnfäden austapezieren. Mündung meist mit Deckel versehen, dessen Außenseite der Umgebung angeglichen wird. Tagsüber Deckel mit Chelizeren zugehalten. Nachts Deckel leicht gelüftet oder gar Beine etwas vorgestreckt. Kommt ein Insekt vorbei, so stürzt die Spinne mit halbem Leibe aus der Röhre, packt die Beute und verschwindet mit ihr in der Tiefe, während der Deckel automatisch über ihr zuklappt. Röhre wird bis zum Lebensende beibehalten und bei Körperwachstum entsprechend erweitert. *Cteniza* Latreille. – *Nemesia* Audouin, Falltürspinne, mit einigen Arten, die Seitengänge an die Röhre anfügen und sie mit einem 2. Deckel verschließen. – *Cyclocosmia* Außerer, mit quer abgestutztem, sehr hart chitinisiertem Hinterleibsende, das zum Verschluß des unteren verengten Röhrenabschnittes benutzt wird, wenn der Außendeckel gewaltsam geöffnet worden ist.

Familie: ***Dipluridae***. Spinnen große Deckennetze, die genau wie die von *Agelena* gebaut sind (S. 58), haben auch entsprechend lange hintere Spinnwarzen.

Familie: ***Aviculariidae***. 590 Arten. Nachttiere, die große Insekten überfallen, einigemale aber auch im Freien beim Verzehren von kleinen Vögeln angetroffen wurden. ***Theraphosa Leblondi*** Latreille, mit 9 cm Körperlänge die größte Spinnenart. — ***Eurypelma*** C. L. Koch, langzottige, träge, große Tiere (einschließlich Cheliceren bis 11 cm lang!), die tagsüber in Baumlöchern sitzen, nachts aber im Freien auf Beute lauern. Manche Arten graben bis 1 m tiefe Erdgänge. — ***Avicularia*** Lamarck, Aufenthalt und Aussehen wie *Eurypelma*, laufen nach Sonnenuntergang mit großer Geschwindigkeit im Gezweige der Büsche und Bäume umher auf Beutejagd.

Familie: ***Atypidae***. 17 Arten. °***Atypus*** Latreille, etwa 17 mm groß, einzige Vertreter der *Orthognatha* in Deutschland. Graben 20—60 cm tiefe Erdröhren an Böschungen im Kiefernwald, tapezieren sie mit Seide aus und verlängern diese Auskleidung in einen oberirdischen, blindgeschlossenen Schlauch von 10—15 cm Länge, der an Pflanzen angeheftet wird. Setzt sich ein Insekt auf den Schlauch, so stürzt die Spinne aus der Tiefe hervor und schlägt aus dem Inneren des Schlauches durch die Seide hindurch ihre langen Chelicerenklauen in die Beute. Dann wird diese in die Röhre gezerrt.

An die *Orthognatha* muß auch die bisher zu den *Cribellatae* gerechnete Cohors: *Palaeocribellatae* mit der einzigen Familie: *Hypochilidae* angeschlossen werden.

2 Paar Fächertracheen, innere Anatomie entspricht bis auf die Coxaldrüsen der der Vogelspinnen. Die komplizierte Gnathocoxa läßt sich lediglich von den *Atypidae* ableiten. Die Cheliceren gleichen mehr denen der *Orthognatha* als denen der *Labidognatha*. Cribellum vorhanden.

3 Arten. ***Hypochilus*** Marx, spinnt ein zylinderförmiges senkrechtes Gewebe, in das Cribellumfäden als Fangfäden eingesetzt sind. Nordamerika.

3. Unterordnung: ***Labidognatha***.

Chelicerenklauen liegen nicht in der Richtung der Körperlängsachse, sondern quer dazu. Cheliceren meist senkrecht gestellt (Abb. 14, 28, 29, 31). Gnathocoxen mit verwickelt gebauter Lade (Abb. 26). Nie mit 2 Paar Fächertracheen. Hierher die meisten Arten.

1. Legio: *Ecribellatae.* Ohne Cribellum.

1. Cohors: *Haplogynae.* Samentaschen des Weibes münden in die Vagina. Männlicher Taster einfach gestaltet (Abb. 34). Meist nur 6 Augen.

Familie: *Dysderidae.* 250 Arten, die durch große Siebtracheen ausgezeichnet sind, deren Stigmenschlitze dicht hinter den Fächertracheen liegen (Abb. 20).

°*Dysdera* Latreille, webt unter Steinen einen Sack oder eine Röhre als Tagesaufenthalt. — °*Segestria* Latreille, mit einer beiderseits offenen Röhre unter Steinen oder loser Baumrinde. Lauert tagsüber in der Röhre und spürt vorbeikommende Insekten, die über Stolperfäden straucheln, die von der Röhrenmündung strahlenförmig ausgehen. Taster sehr einfach (Abb. 34).

Familie: *Sicariidae.* 160 Arten. — °*Scytodes* Latreille, Speispinne. 5—12 mm lang, geht nachts langsam schleichend auf Insektenjagd. Bleibt in 6—20 mm Entfernung von der Beute (Lepisma) stehen und speit aus den Giftklauen der Cheliceren einen großen Tropfen gegen das Opfer. Der Tropfen zerteilt sich in etwa 20 parallele klebrige Fäden, die quer zur Wurfrichtung liegen und das Insekt fesseln (Abb. 36). Bei uns nur in den wärmsten Teilen des Rheinlandes freilebend; in Häusern auch in Mitteldeutschland.

2. Cohors: *Entelegynae.* Beim Weibchen münden die Samentaschen auf einer kräftig chitinisierten Platte (Epigyne) direkt nach außen (Abb. 14, 26). Männlicher Taster kompliziert. Hierher gehören die meisten Spinnenarten.

1. Subcohors: *Trionycha* (2 paarige und 1 unpaarige Kralle an jedem Fuß).

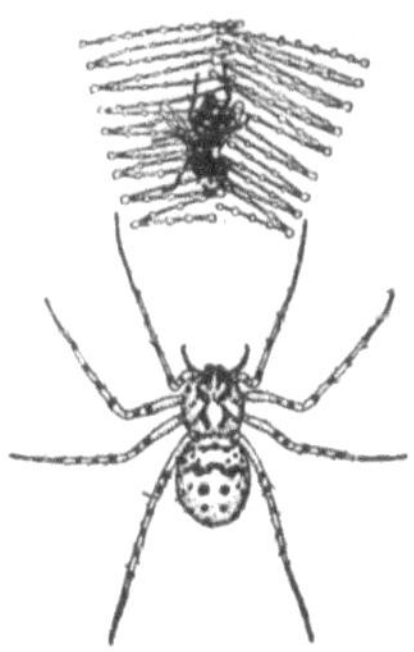

Abb. 36. Speispinne *Scytodes* beim Beutefang. Nach Bristowe.

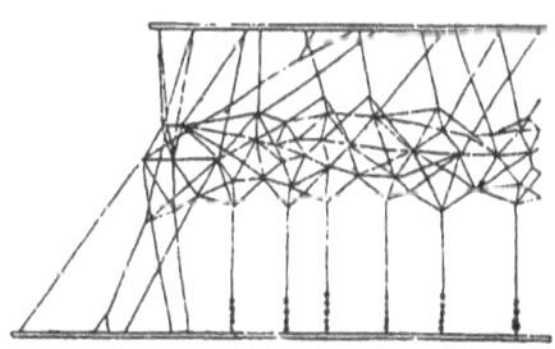

Abb. 37. Schema des Fanggewebes von *Teutana* und *Steatoda*. Nach Wiehle.

Familie: *Theridiidae*, Kugelspinnen. 1350 Arten. Netzspinnen. Bewerfen die Beute, die sich im Netz gefangen hat, mit Hilfe der Hinterbeine mit großen Klebtropfen, die aus einer lappenförmigen Spinndrüse stammen. Fesseln auf diese Weise trotz geringer Körpergröße sehr starke Beute, Schmeißfliegen, Ameisen usw.

°*Theridium* Walckenaer, meist nicht über 5 mm lange Spinnchen mit oft kugeligem Hinterleib, spinnen Maschennetze. Die an der Umgebung befestigten peripheren Fäden meist mit Klebtröpfchen besetzt, die als Leimruten für fliegende Insekten dienen. Viele Arten bauen eine kleine Wohnglocke, von der die Netzfäden ausgehen. Manche tropische Arten leben gemeinsam in einem riesigen Gewebe, das einen ganzen Kaffeebaum umspannt. — °*Steatoda* Sundevall, Fettspinne, spinnt an Fensterrahmen usw. eine sehr lückige Decke, von der aus senkrechte Fäden zur Unterlage ziehen (Abb. 37). Diese Fäden sind nahe der Anheftungsstelle mit Klebtropfen besetzt. Stößt ein laufendes Insekt daran, so klebt es am Faden fest und reißt ihn gleichzeitig von der Unterlage ab. Da er elastisch ist, verkürzt er sich und hebt die Beute in die Höhe. Durch Zappeln stößt diese an benachbarte Fäden und hängt sich dadurch auch an ihnen auf. Die herbeieilende Spinne bewirft das Opfer mit Leimtropfen und macht es auf diese Weise ganz wehrlos. Die Männchen können mit Hilfe einer scharfen Kante des Hinterleibes, die über 2 geriefelte Platten des hinteren Prosomarückens hinwegkratzt, Töne hervorbringen. Deren Schwingung überträgt sich wahrscheinlich auf die Fäden und lockt so das Weib herbei. Die tropischen und subtropischen *Latrodectes* Walckenaer sind wegen ihres auch auf den Menschen wirkenden Giftes berüchtigt. *L. mactans* F., Schwarze Witwe, 8—10 mm lang, Biß nicht tödlich, aber sehr starke Muskelschmerzen im ganzen Körper hervorrufend. Nordamerika.

Familie: *Linyphiidae*, Baldachinspinnen. 1650 Arten. — °*Linyphia* Latreille webt (bei uns oft in ungeheurer Zahl) waagerechte Decken auf Gebüsch, im Gras usw. Von der Oberseite ziehen zahlreiche Fäden nach darüberliegenden Zweigen, von der Unterseite nur wenige nach unten. Die Spinne sitzt rückenabwärts an der Unterseite der Decke und fängt die Insekten, die beim Fliegen gegen das obere Fadengewirr gestoßen und auf die Decke herabgefallen sind. Viele sehr kleine Arten der Familie, die nur 1—2 mm messen und meist schwarz gefärbt sind, weben winzige Decken auf dem Boden. Sie sind für die nördliche Region der Erde überaus kennzeichnend (°*Mi*-

cryphantes C. L. Koch, — °*Erigone* Audouin usw.) und dringen bis nach Spitzbergen und Grönland vor.

Familie: *Araneidae*, Kreuzspinnen. 2500 Arten. Ausgezeichnet durch die bekannten Radnetze, die jedoch in mannigfacher Form abgewandelt werden. Eine der blühendsten Familien.

°*Aranea* Clerck, Kreuzspinne, mit 27 deutschen Arten von 4—22 mm Länge, die sämtlich Radnetze spinnen. Die Hauptbestandteile der Netze zeigt Abb. 38. Ihre Anfertigung läßt sich schwer in Kürze schildern. Zuerst entsteht eine Y-förmige Figur, sozusagen die ersten 3 Speichen. Zwischen diese setzt die Spinne dann, indem sie rund um den Mittelpunkt läuft, nacheinander immer mehr Speichen ein. Dabei entstehen gleichzeitig auch Rahmenfäden. Auch werden die im Mittelpunkt zusammentreffenden Radien durch ein Nabengewebe fester miteinander verbunden. Ist so ein reines Speichennetz entstanden, dann webt die Spinne, vom Mittelpunkte aus nach der Peripherie fortschreitend, eine sehr weite Spirale, die Hilfsspirale. Diese dient ihr zum Einsetzen der viel enger stehenden Fangspirale. Sie läuft dabei von der Netzperipherie aus auf der Hilfsspirale entlang in vielen Spiralwindungen aufs Netzzentrum zu und verbindet die Speichen durch Fangfäden. Diese sind mit einer Leimhülle aus den gelappten Spinndrüsen überzogen, die sich bald zu einer Perlenreihe von Tröpfchen zusammenzieht. Die Hilfsspirale aber wird bei diesem Arbeitsgang abgebrochen. Die Netze werden bei den meisten Arten nachts angelegt und fast jeden 1. oder 2. Tag erneuert, wobei jedoch mehr oder wenige große Teile des Rahmens wieder benutzt werden. Zerstörte Speichen und Rahmen bessert die Spinne wieder aus. Teile des Netzes, die durch Zerschneiden

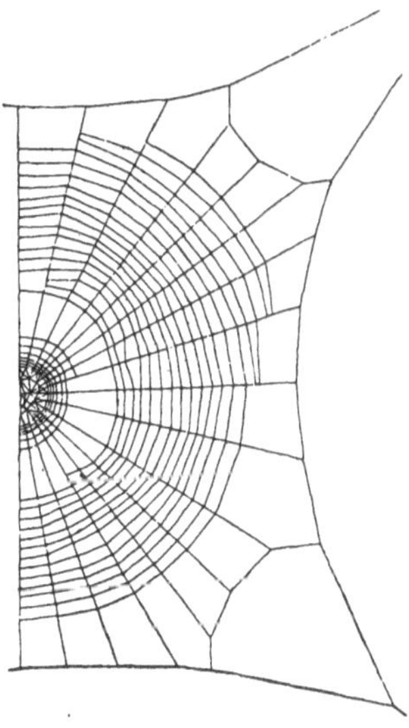

Abb. 38. Schema des Netzes der Kreuzspinne. Nach Wiehle.

von Fäden ihre Spannung verloren haben, werden durch neu eingezogene Fäden wieder straffgespannt. Die aus dem Ei geschlüpften Jungspinnen, die bei den meisten Arten nie das Netz ihrer Mutter kennengelernt haben, spinnen grundsätzlich schon beim erstenmal ein gleiches Netz wie die Erwachsenen. Es handelt sich also um eine Instinkthandlung, deren einzelne Schritte von vornherein bereits festgelegt sind. Die Tiere passen sich aber durchaus den besonderen Verhältnissen ihrer Umgebung an, hängen Netze, die Bachläufe überqueren, unter Umständen an 3–4 m langen Fadenbrücken auf usw. Die Netze der einzelnen Arten lassen sich vom Kenner an der durchschnittlichen Größe, Zahl und Dichte der Speichen sowie Fangfäden usw. unterscheiden. Manche Arten spinnen in einiger Entfernung vom Netz eine Wohnglocke, die stets mit Netzfäden verbunden ist. – *Dicrostichus* Simon, Lassospinne (Australien), spinnt nur ein kleines Fadengerüst, unter dem er sich aufhängt. Dann fertigt er einen Faden, dessen Ende mit einem Leimtropfen versehen ist. Er hält diesen in den Klauen eines Vorderbeines. Kommt eine Motte in die Nähe, so schleudert er die Kugel gegen sie und fängt sie auf diese Weise. – *Cladomelea* Simon dagegen schwingt einen ähnlichen Faden von 2 cm Länge mit dem 3. Bein etwa 15 Minuten lang im Kreise. Dann zieht sie ihn ein, um etwa angeklebte Insekten zu fressen. – *Gasteracantha* Sundevall, Stachelbauch, spinnt einfache Radnetze und zeichnet sich dadurch aus, daß die sehr harte Rückendecke des Hinterleibes in sehr lange Fortsätze ausgezogen ist. – *Nephila* Leach kann im weiblichen Geschlecht 5 cm Länge erreichen, während die Männchen nur 4–10 mm messen! Baut ein sehr festes, halbkreisförmiges Netz, dessen Hilfsspirale nicht abgebrochen wird. Netze haben bis 8 m Durchmesser. Weibchen liefern im Leben mehrere Kilometer Faden.

Familie: *Tetragnathidae*. – °*Tetragnatha*, sehr langgestreckte Spinnen, die echte Radnetze spinnen.

Familie: *Agelenidae*, Trichterspinnen, 400 Arten, weben Deckennetze, die meist in eine nach beiden Seiten offene Röhre übergehen. – °*Agelena* Walckenaer mit sehr umfangreicher kreisförmiger Decke im Grase und auf Hecken. – °*Tegenaria* Latreille, Winkelspinne, ebenfalls etwa 10 mm lang, spinnt in Wohnungen, Ställen, Kellern usw. recht große, waagerechte dreieckige Decken quer vor Mauerwinkeln (Abb. 39). Lauert wie Agelena in der Röhre, in die das Netz ausläuft. Insekten, die auf die Netzdecke kommen, können sich auf deren Fadengewirr nur langsam vorwärtsbewegen,

„wie ein Mensch, der durch hohen Schnee stapft", während die Spinne blitzschnell auf sie zueilt. — *Desis* Walck. lebt auf Korallenriffen, wo sie während der Ebbe kleine Kruster usw. erbeutet. Wenn die Flut kommt, sucht sie Wurmröhren, Schneckenschalen, Löcher im Korallenfels u. dgl. auf und spinnt den Eingang wasserdicht zu. So übersteht sie die Überflutung.

Abb. 39. Hauswinkelspinne, *Tegenaria domestica*, mit Netz. Aus Brehms Tierleben.

Familie: ***Argyronetidae***, Wasserspinnen. Die einzige Art, °*Argyroneta aquatica* L. lebt zwar ausschließlich unter dem Wasserspiegel, doch gehen Nahrungsaufnahme, Häutung, Kopula, Eiablage und Eientwicklung stets in atmosphärischer Luft vor sich. Die Spinne legt nämlich unter Wasser zwischen Pflanzen eine nach unten offene, fingerhutförmige Glocke an, die sie mit Luft füllt, und in der alle die genannten Lebenstätigkeiten vor sich gehen. Sie ist unter Wasser stets von einer silberglänzenden Lufthülle umgeben, die ihr Sternum und das ganze Opisthosoma einhüllt und an der Behaarung haftet. Diese Luftblase erneuert sie ab und zu, indem sie den Hinterkörper und das 4. Beinpaar aus dem Wasser herausstreckt. Sie benutzt sie nicht nur zur Atmung, sondern auch zum Füllen ihrer Wohnglocke, die 10—12 solche Lufthüllen aufnehmen kann. Als Beute dienen besonders Wasserasseln.

Familie: ***Pisauridae.*** 330 Arten. Jagdspinnen, deren Augen in 3 Reihen hintereinander angeordnet sind (Abb. 29). Tragen ihren Kokon stets in den Cheliceren bei sich. — °*Dolomedes* Latreille, mit 2 cm Länge eine unserer größten deutschen Spinnen. Lebt am Ufer von Gewässern und kann, ohne einzusinken, über deren Spiegel hinwegeilen. Ihre Tarsensohlen sind mit Haaren besetzt, zwischen denen sich Luft befindet. Sie werden flach aufs Wasser gesetzt und durchstoßen dabei nicht das Oberflächenhäutchen, sondern dellen es nur leicht ein. — *Thalassius* Simon von 18 mm Länge fängt Frösche von 3 cm und Fische von 5 cm Länge. — °*Pisaura* Simon zeichnet sich dadurch aus, daß das begattungslüsterne Männchen dem Weibchen eine gefangene und eingesponnene Fliege vorhält. Erst wenn das Weibchen sich mit dem Fressen des „Geschenks" beschäftigt, beginnt das Männchen die Kopula.

Familie: *Lycosidae*, Wolfsspinnen (Abb. 29). Schleppen ihren Kokon, an die Spinnwarzen angeheftet, hinter sich her. Über 1100 Arten, von denen einige bis Grönland vordringen. – °*Lycosa* Latreille bauen keine Wohnung, jagen laufend Insekten. Weibchen tragen die ausgeschlüpften Jungen einige Tage auf ihrem Rücken umher. – *Hogna tarentula* Rossi, die berüchtigte apulische Tarantel, ist 2,5 cm lang und lebt in 30 cm tiefen Röhren, die sie nachts verläßt, um auf Jagd zu gehen. Ihr Biß ist ganz ungefährlich, im Gegensatz zum Volksglauben. Dagegen gibt es in Südamerika sehr giftige Verwandte.

2. Subcohors: *Dionycha*. Tarsus mit 2 Kammklauen, unter denen oft ein Büschel Spatelhaare als Haftorgan steht (Abb. 27). Eine recht einheitliche Gruppe, die sich durch verhältnismäßig einfache Kopulationsorgane auszeichnet.

Familie: *Drassidae*. Die meisten weben einen weißen Wohnsack, der ringsum geschlossen ist, und in dem sie den Tag verbringen. Das Nest wird unter Baumrinde, unter Steinen, zwischen Blättern u. dgl. angelegt. Nachts gehen die Spinnen auf Jagd. – °*Drassodes* Westring, °*Zelotes* Gistel.

Familie: *Clubionidae*, Sackspinnen, mit sehr ähnlicher Lebensweise. – °*Clubiona* Latreille weben unter Rinde, zwischen Blättern usw. ein Säckchen mit 2 Ausgängen als Aufenthalt für den Tag. Vor der Häutung, der Überwinterung oder Eiablage spinnen sie beide Öffnungen zu. – °*Chiracanthium* C. L. Koch spinnen die Spitzen niedriger Pflanzen (Gräser usw.) zusammen zu einer unterseits offenen Aufenthaltsglocke. Zu ihnen gehört – °*Chiracanthium punctorium* Villers, die einzige deutsche Spinne, deren Biß Allgemeinerscheinungen (Übelkeit, Ohnmacht) nach sich zieht. – °*Anyphaena* Sundevall, ausgezeichnet durch die Lage der Tracheenstigmen auf der Mitte der Unterseite des Opisthosoma. – °*Agroeca* Westring spinnt ein glockenförmiges Nest (Feenlämpchen), das innen durch eine in der Mitte unterbrochene Scheidewand in ein oberes Stockwerk für die Eier und ein unteres für ausgeschlüpfte Junge geteilt ist.

Familie: *Sparassidae*. Bei den meisten der 654 Arten sind die Beine krabbenartig seitwärts gestellt. Im übrigen sind viele Beziehungen zu den *Clubionidae* vorhanden. In Deutschland nur die grüne – °*Micrommata viridissima* de Geer, die auf Blättern Insekten auflauert. In den Subtropen und Tropen leben viele ziemlich große (Körperlänge etwa 3 cm) Arten. Kosmotropisch ist — *Heteropoda regia* F., in Häusern verbreitet, wo sie tagsüber hinter Bildern und Möbeln sich versteckt, nachts aber auf Insektenjagd geht. Kommt mit Bananensendungen oft nach Europa. Der scheibenförmige Kokon wird mit Cheliceren und Pedipalpen gegen die Unterseite des Prosoma gedrückt und überall mitgeschleppt. — *Palystes natalius* Karsch wurde beim Fressen einer 7 cm langen Eidechse überrascht.

Familie: *Thomisidae*, echte Krabbenspinnen. Fast alle der 1600 Arten halten die Beine krabbenähnlich seitwärts (Abb. 40). Selten überschreitet ihre Körperlänge 1 cm. Spinnen weder Wohn- noch Häutungs- noch Winternester, manche dagegen Einester durch Zusammenweben von Blättern. Meist Tagtiere — °*Xysticus* C. L. Koch und — °*Misumena* Latreille lauern auf Insekten, laufen wenig umher.

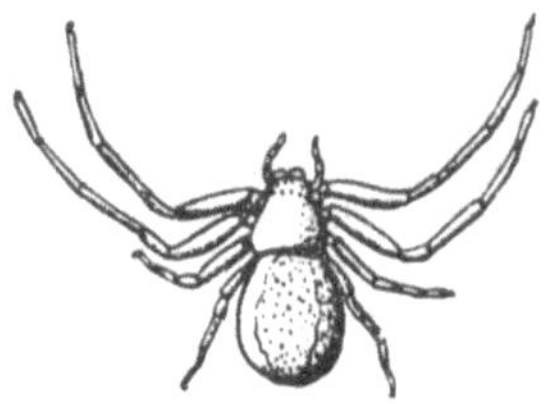

Abb. 40. Krabbenspinne *Diaea dorsata*. Nach Blackwall, umgezeichnet.

Familie: *Salticidae*, Springspinnen. Augen in 3 Reihen, vordere Mittelaugen mit ungewöhnlich großen Linsen (Abb. 35). Mittelgroße bis kleine Tagtiere, die oft ihr Opfer schon aus etwa 20 cm Entfernung bemerken, sich bis auf etwa 2 cm Abstand heranschleichen und es dann bespringen. Viele leben nachts in einem Säckchen unter Rinde, zwischen Steinen usw. Auch zur Häutung und zur Überwinterung ziehen sie sich in solche Behausungen zurück. Die artenreichste Spinnenfamilie mit 2900 Arten! — °*Myrmarachne* McLeay ähnelt in Gestalt und Gangart Ameisen. — °*Attus* Simon, — °*Salticus* Latreille.

2. Legio: *Cribellatae*. Mit Cribellum und Calamistrum (Abb. 32, 33). Die hierhergehörigen Familien sind nach dem sonstigen Bau und der Lebensweise untereinander so verschieden, wie nur irgend möglich. Wir finden unter ihnen ein haplogynes Genus, das etwa den Dysderidae entspricht, sowie entelegyne Jagd- und Netzspinnen. Von manchen Arachnologen wird deshalb die Legio als eine künstliche Zusammenfassung betrachtet und aufgelöst. Die einzelnen Familien werden dann in die Nachbarschaft derjenigen Familien der *Ecribellatae* gestellt, zu denen durch Körperbau oder Lebensweise Beziehungen bestehen. So halten manche Zoologen die radnetzbauenden *Uloboridae* für

ganz nahe Verwandte der Radnetzspinnen *Araneidae*, die *Amaurobiidae* für Verwandte der *Agelenidae* usw.

Cohors: *Neocribellatae*. Nur 1 Paar Fächertracheen. Anatomie ähnelt der der *Labidognatha*.

Familie: *Filistatidae*. 33 Arten. Geschlechtsorgane ähneln den *Haplogynae*. *Filistata* Latreille bewohnt Löcher in Bäumen, Wegböschungen usw. Von der Ausmündung ihrer Höhle aus laufen strahlenförmig Cribellumfäden über die Umgebung, an denen vorübergehende Tiere hängenbleiben.

Familie: *Eresidae*. 100 Arten. *Stegodyphus* Simon mit einigen Arten, die zu Hunderten in einem riesigen Netz beisammen leben, das einen Sack bildet, dessen Inneres durch Scheidewände geteilt und von Gängen durchzogen ist.

Familie: *Dictynidae*. 220 Arten. Kleine Spinnen vom Aussehen der *Theridiidae*, die — besonders auf Pflanzen — von einem Schlupfwinkel ausgehende Fäden spinnen, die durch Cribellumfäden miteinander verbunden werden. — °*Dictyna* Sundevall.

Familie: *Uloboridae*, 142 Arten, die einzige Spinnenfamilie, der Giftdrüsen völlig fehlen. — °*Uloborus* Latreille baut Radnetze, die denen der *Araneidae* in ganz überraschendem Maße gleichen, nur daß sie statt Klebfäden Cribellumfäden enthalten. Die Netze sind stets waagerecht gelagert, und die Spinne sitzt unter der Nabe. Manche Arten leben zu Hunderten sozial in einem riesigen Maschengewebe, das mit langen Fäden zwischen Bäumen aufgehängt ist. Zwischen diesen Fäden werden regelmäßige Radnetze von Individuen gesponnen, die nacheinander aus dem Inneren des Baues kommen.

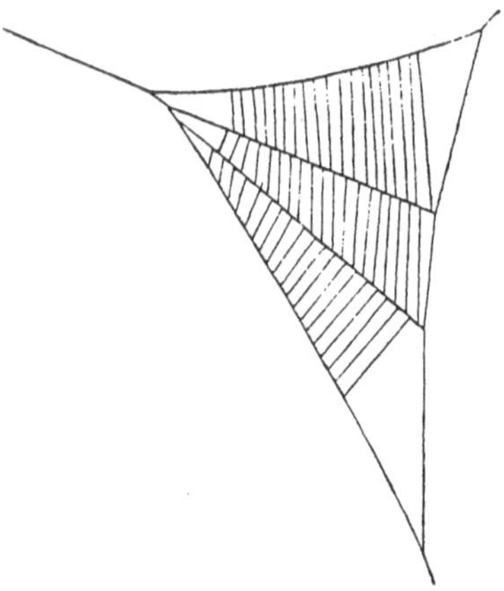

Abb. 41. Netz der Dreieckspinne *Hyptiotes*. Nach Wiehle.

°*Hyptiotes* Walckenaer, Dreieckspinne, spinnt ein dreieckiges Netz, das einem Sektor mit 4 Radien aus einem Radnetz gleicht (Abb. 41). Dieses Netz hält er an einem Signalfaden mit den Vorderbeinen fest. Mit den Hinterbeinen aber hat sich die Spinne in einen aufgeknäuelten Sicherheitsfaden eingehakt, der von ihren Spinnwarzen aus zu einem Aste zieht und hier angeklebt ist. Sobald eine Fliege ans Netz stößt, läßt das 4. Bein diesen Sicherheitsfaden los, der sich alsbald durch Aufrollen seiner Schlingen stark verlängert. Dadurch erschlafft das Netz, und die Beute verwickelt sich noch stärker in den Klebfäden. Mit Hilfe der Hinterbeine hangelt die Spinne dann an dem Sicherheitsfaden rückwärts, legt ihn in Schlingen und strafft so das Netz wieder. Durch erneutes Loslassen des Sicherheitsfadens fällt das Netz noch einmal zusammen, und die Beute ist endgültig verstrickt. — *Miagrammopes* Cambridge spinnt nur einen einzigen Faden von etwa 1—3 m Länge, dessen mittlere Strecke mit Cribellumfäden belegt ist. Sie spannt ihn genau wie *Hyptiotes*, läßt ihn auch in ähnlicher Weise erschlaffen.

Familie: *Dinopidae*. 46 Arten. *Menneus* Simon, ein Nachttier, spinnt ein senkrechtes briefmarkengroßes Netz aus Cribellum-Querfäden in einen unregelmäßigen Rahmen aus Fäden ein. Am Rahmen kopfabwärts hängend, hält die Spinne die 4 Ecken dieses Cribellumgewebes mit den Spitzen der vorderen 2 Beinpaare fest. Nähert sich nun nachts eine Motte auf etwa 2½ cm, so spreizt die Spinne blitzschnell ihre Vorderbeine, dehnt dabei das Netz auf etwa 5—6fache Breite und drückt es nach vorn um das Insekt, das im Nu eingewickelt ist. — *Dinopis* MacLeay, mit riesigen hinteren Mittelaugen, die an der Stirnseite des Kopfes stehen, fängt ihre Beute auf gleiche Art.

Familie: *Amaurobiidae*. 180 Arten. — °*Amaurobius* C.L. Koch, vom Aussehen der *Agelenidae*, bewohnt Fels-, Mauer- und Baumlöcher, von denen aus er unregelmäßige Fäden auslegt, die er durch Cribellumfäden verbindet.

5. Ordnung: *Ricinulei*[1]), Kapuzenspinnen

Kennzeichen: Am Stirnrande des Prosoma ist eine Platte [Cucullus[2])] eingelenkt, die abwärts über die Mundwerkzeuge geschlagen werden kann (Abb. 42). Prosomarücken einheitlich. Hinterkörper scheinbar aus nur 4 breiten (Somit 10—13) und einem winzigen Segment (16) bestehend. Kutikula sehr dick.

14 Arten, von 4½ bis 10 mm Länge, die sehr selten gefunden werden (trop. Westafrika, trop. Amerika). Das Prä-

[1]) ricinus = Zecke. [2]) cucullus = Kapuze.

genitalsegment fehlt ganz, Genitalsegment (8) und Segment 9 sind stark reduziert und nur bei Zerlegung des Tieres sichtbar. Segment 14–16 bilden je eine kleine Röhre und sind fernrohrartig zusammengeschoben. Keine Augen. Nervensystem S. 25. Pedipalpenhüften wie bei Uropygi unter dem Mund ventral miteinander verwachsen. Pedipalpen kurz, mit kleiner Schere. Darmblindsäcke schlauchförmig, Malpighische Gefäße und Coxaldrüsen vorhanden. 1 Paar Stigmen am Hinterrande des Prosoma(!), führen in einen Tracheenvorhof, der viele Kapillaren aussendet (prinzipiell Siebtrachee ähnelnd). Herz vorhanden, noch nicht genau beschrieben. 3. Laufbein des Mannes ist endwärts zum Gonopodium umgewandelt. Jugendform mit nur 3 Laufbeinpaaren. Die sonderbaren Tiere leben unter abgefallenen Blättern usw. am Boden. Lebensweise unbekannt.

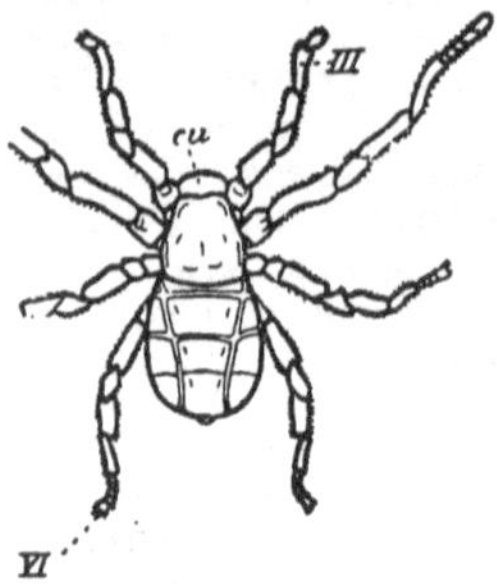

Abb. 42. Kapuzenspinne, *Cryptocellus spec.* Nach Hansen. Körperlänge 5 mm. *cu Cucullus*; III, VI 3. u. 6. Extremität.

Ricinoides Ewing (Abb. 42), *Cryptocellus* Westwood.

6. Ordnung: *Pseudoscorpiones*, Afterskorpione

Kennzeichen: Pedipalpen wie bei Skorpionen mit Scheren. Opisthosoma nie in Meso- und Metasoma gegliedert (Abb. 43).

Eine ganz einförmige Gruppe stark abgeflachter Spaltenbewohner von Kleinformat (meist 2 bis 4 mm lang), Cheliceren 2gliedrig mit der Mündung von Spinndrüsen an der Spitze des beweglichen Fingers. Die Drüsen erstrecken sich durch das ganze Prosoma rückwärts bis zum 8. Tergit und sondern ein Sekret ab, das sofort zu einem Spinnfaden gerinnt. Auch an der Spitze eines oder beider Finger der Pedipalpenscheren

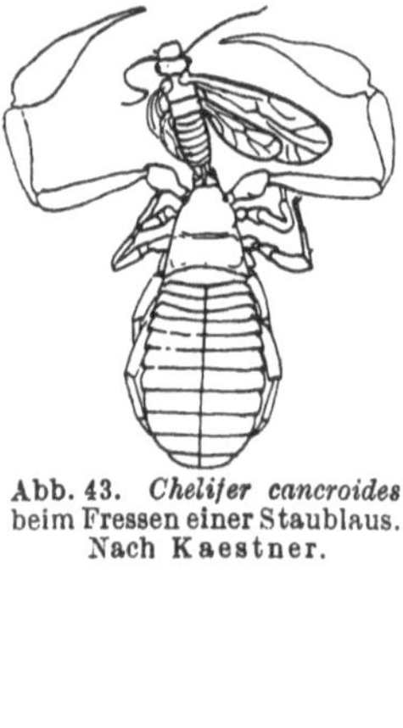
Abb. 43. *Chelifer cancroides* beim Fressen einer Staublaus. Nach Kaestner.

mündet eine Drüse, die in der „Hand“ derselben liegt und wahrscheinlich als Giftdrüse wirkt. Die nach vorn gerichteten Pedipalpenhüften sind stark verbreitert und bilden – ohne miteinander zu verwachsen – die Seitenwände des Mundvorraumes, in dem sich eine lange waagerechte Oberlippe befindet, der sich eine Unterlippe eng anschmiegt. Die Darmblindsäcke sind unverzweigt, aber so kurz und breit, daß man sie dem Skorpiontypus zurechnen und ihre mangelnde Verästelung auf die Kleinheit der Tiere zurückführen muß. Malpighische Gefäße fehlen. 1 Paar Coxaldrüsen. Die Atmung erfolgt durch 2 Paar Tracheen, die meist nur an 1 oder 2 Stellen Kapillaren abgeben, also Siebtracheen darstellen, seltener im ganzen Verlaufe dünne Seitenäste entsenden. Herz kurz. Außer der Kopfaorta kein Arteriensystem vorhanden, was bei der Kleinheit der Tiere und dem Umherschweifen der Tracheenkapillaren durchaus verständlich ist.

Die etwa 1000 bekannten Arten messen 0,9–7,5 mm und leben unter Baumrinde, Steinen, abgefallenen Blättern, Moos usw., aber auch in Herbarien, Büchern, Bienenstöcken, Wäscheschränken, wohin sie gelangen, indem sie sich an die Beine von Fliegen und anderen Insekten klammern und so verschleppen lassen. Ihre 2–4 Augen sind zum Bildsehen untauglich, viele Arten sind ganz blind. Dementsprechend spielen Tast- und Erschütterungssinn die Hauptrolle. Die Tiere laufen mit vorgestreckten Pedipalpen, die mit Trichobothrien besetzt sind, genau wie die Skorpione umher, packen Collembolen, Psociden, Milben, ja auch Bettwanzen und Mehlmottenlarven damit und führen sie den Cheliceren zu (Abb. 43). Die Zerkleinerung der Beute geschieht auf chemischem Wege. Man kann deutlich beobachten, wie der abgeschiedene Verdauungssaft die inneren Organe des Opfers löst. Für die Häutung, Brutpflege und Überwinterung werden kleine linsenförmige Nester angefertigt. Rindenbewohnende Arten sammeln dazu um sich herum einen Wall winziger Holzstücke. Im Mittelpunkt desselben stehend, schwingen sie dann den Körper auf hochgestellten Beinen vor und zurück. Bei jedem Vorstoß betupfen sie ein Bröckchen mit der Spinndrüsenmündung, beim Rückschwung ziehen sie aus den Spinndrüsen einen Faden, drehen die Chelicerenfinger etwas seitwärts und heften beim erneuten Vorstoß den Faden dann ans benachbarte Bröckchen. So werden die Splitter des Walls durch Fäden von innen her miteinander verbunden. Das Tier klettert dann darüber hinweg, neues Baumaterial zu suchen, das es auf der Kante niederlegt und anspinnt, bis die kleine Kuppel geschlossen ist. Sie wird schließlich innen durch eine Seidentapete verstärkt.

Der Kopula geht bei *Chernes* ein Vorspiel voraus. Das Männchen faßt das Weibchen mit einer Pedipalpenschere sozusagen an der „Hand", winkt mit der anderen, und nun geht das Paar in dieser Haltung vor- und rückwärts. Schließlich senkt das Männchen die Genitalöffnung zur Erde und sondert ein Sekret ab, das es durch Heben des Hinterkörpers zu einem Stiel auszieht, auf den es einen Spermatropfen setzt. Dann zieht es, rückwärts gehend, das Weibchen über diese Stelle, wobei dessen Genitalöffnung die Spermatophore aufschnappt. *Chelifer*-Arten haben andere Vorspiele. Die Eier werden am Bauche in einem Brutbeutel getragen, der sich aus einem Sekret der Geschlechtsdrüsen bildet und in offener Verbindung mit dem Ovar steht. Der Beutel ist mit Nährstoff gefüllt, den das Ovar abgeschieden hat. Die Eier von *Chelifer* entwickeln sich zunächst aber aus eigenem Dottervorrat 10–15 Tage lang. Dann saugen sie Nährstoffe auf, schwellen an und werden an die Peripherie des Sackes gepreßt, wobei dieser durchlöchert wird, so daß ihm nun die Embryonen außen mit der Mundregion aufsitzen wie Himbeerfrüchte dem Blütenboden. Gleichzeitig ist auch das Chorion gerissen, der Embryo hat sich also gehäutet und ist zur allerdings ganz unvollkommen ausgebildeten Larve geworden. Nach weiteren 2–3 Tagen preßt schließlich das Weibchen das gesamte vom drüsig angeschwollenen Ovarium gelieferte Sekret krampfhaft in den Brutsack, wobei die Larven sich in wenigen Sekunden aufs 3fache ihres ursprünglichen Volumens ausdehnen und der Hinterkörper der Mutter flach zusammenfällt. In der nun folgenden Larvenperiode bilden sich binnen 12–25 Tagen sämtliche Organsysteme aus. Dann häuten sich die Larven und werden zur freilebenden Protonymphe, die bereits die Gestalt der Erwachsenen hat. Es folgen noch 2 Nymphenstadien, dann sind die Tiere erwachsen.

1. Unterordnung: *Chthoniinea:* °*Chthonius* C. L. Koch.

2. Unterordnung: *Neobisiinea:* °*Neobisium* Chamberlin.

3. Unterordnung: *Cheliferinea:* °*Chelifer* L., Bücherskorpion. – °*Chernes* Menge.

7. Ordnung: *Solifugae*[1]), Walzenspinnen

Kennzeichen: Rücken des Prosoma 3teilig, gegliedert in Propeltidium sowie Tergit 5 und 6. Cheliceren bilden 2gliedrige, auffallend große Scheren (Abb. 7).

[1]) sol = Sonne, fugare = fliehen.

In der Regelmäßigkeit der Körpergliederung und der Homonomie der Extremitäten erscheinen die Solifugen altertümlicher als die Skorpione. Dem steht aber die auffallend „moderne“ Ausbildung des Tracheensystems gegenüber. Zwischen den Vorderrändern von Tergit und Sternit 8 spannt sich ein senkrechtes Zwerchfell aus, das den Binnenraum des Prosoma von dem des Opisthosoma trennt, eine Bildung, die sonst nur bei Skorpionen auftritt. Ein mesodermales Endosternit fehlt. Vielmehr wird das gesamte Innenskelett von ektodermalen Spangen gebildet. Die beinähnlichen Pedipalpen haben an der Spitze ein ausstülpbares Haftorgan, an dem kleine Insekten (z. B. Fliegen) sofort hängenbleiben, wenn sie von der Solifuge damit betupft werden. Das 1. Laufbein ist sehr schwach, dient nicht zum Laufen, sondern als Tastbein. Es ist wie der ganze Körper mit vielen Sinneshaaren (keinen Trichobothrien) versehen, die sehr leicht ansprechen. Demgemäß sind die Walzenspinnen äußerst leicht erregbar und nehmen schon bei leichter Berührung mit einem Menschenhaar, jäh herumfahrend, eine Abwehrstellung ein, wobei sie Pedipalpen und 1. Beinpaar suchend und tastend nach oben vorn strecken, den Vorderkörper samt den mächtigen, gespreizten Cheliceren erheben und ein zischendes Geräusch erzeugen. Letzteres kommt zustande durch Aneinanderreiben der Cheliceren, deren Medialseiten Riefen usw. tragen. Zumindest bei Tag- und Dämmerungstieren spielen die beiden Mittelaugen beim Beutefang eine Rolle. An den Basalgliedern der Hinterbeine sitzen große hammerförmige Sinnesorgane. Das Unterschlundganglion enthält nur die Neuromere 2–11, die übrigen bilden einen Knoten im Somiten 8. Als Beute dienen Insekten, auch hartchitinisierte Käfer, die zwischen den Cheliceren zermalmt werden. Ausgestoßener Verdauungssaft sorgt für die praeorale Lösung der Fleischbestandteile, die mit Hilfe einer praecerebralen Saugpumpe aufgesogen werden. Der Mund liegt an der Spitze eines Vorsprunges, der von Ober- und Unterlippe gebildet wird. Die Hüften der Pedipalpen tragen zwar endwärts eine kleine zipfelartige Lade, bilden aber keinen eigentlichen Mundvorraum. Darm S. 30. Exkretion erfolgt durch Malpighische Gefäße, Zellhaufen, die im Perikard liegen, und stark modifizierte Coxaldrüsen, die merkwürdigerweise vor den Pedipalpenhüften münden. Das Tracheensystem besteht aus Längsstämmen, die von Stigmen der Sternite 4, 9, 10 und 11 ausgehen und wie bei Insekten miteinander anastomisieren sowie sich aufs stärkste baumförmig verästeln und verzweigen. Dementsprechend ist wie bei Insekten das Blutgefäßsystem stark reduziert. Das Herz erstreckt sich von Tergit 5 (also Prosoma!) bis zum Tergit 13 und besitzt unter jedem – außer dem verkümmerten 7. – 1 Ostienpaar, aber keine Seitenarterien. Unverzweigte Kopf- und Schwanzaorta sind vorhanden. Die mit Anhängen versehenen Cheliceren dienen den Männchen als Gonopoden. Mit ihrer Hilfe wird das Sperma in die weibliche Geschlechtsöffnung gestopft. Die Eier sind bei der Ablage fast schlüpfreif.

Etwa 570 Arten in den Steppen und Wüsten der Tropen und Subtropen, von 8–60 mm Körperlänge (ohne Cheliceren!) und einförmigem Körperbau. – *Galeodes* Olivier. – *Solpuga* Lichtenstein. – *Gylippus* Simon. – *Hexisopus* Karsch hat ausgeprochene Grabbeine, dürfte also z.T. innerhalb des Sandes leben.

8. Ordnung: *Opiliones*[1]), Weberknechte, Kanker

Kennzeichen: Cheliceren stets 3gliedrig, wobei das 2. Glied knieförmig gegen das 1. gebogen ist (Abb. 11), Opisthosoma gegliedert, stets breit am Prosoma ansetzend. Mindestens das 1., oft auch das 2. Beinpaar beteiligen sich mit basalen Laden an der Mundbildung. Männchen mit Penis, Weibchen mit Ovipositor.

Die Ordnung enthält Tiere von sehr verschiedenartigem Aussehen: milbenähnliche *(Cyphophthalmi)*, plattgedrückte *(Trogulus)*, gedrungene mit mäßig langen oder sehr langen Beinen *(Phalangium)*, weichhäutige und hartchitinisierte. Die Rükkendecke zeigt meist Prosoma und Tergit 8–12 zu einem Scutum verwachsen, dessen einzelne Segmente nur durch Linien, nicht durch Gelenkhäute voneinander getrennt sind (Abb. 11). Segment 7 ist stets völlig unterdrückt, bei den hochentwickelten *Eupnoi* außerdem Tergit 16 sowie Sternit 15 und 16. Die Geschlechtsöffnung ist weit nach vorn zwischen die Beinhüften verschoben, wobei das Sternit 8 außerordentlich verkürzt worden ist und das verlängerte Sternit 9 sich meist als Deckel

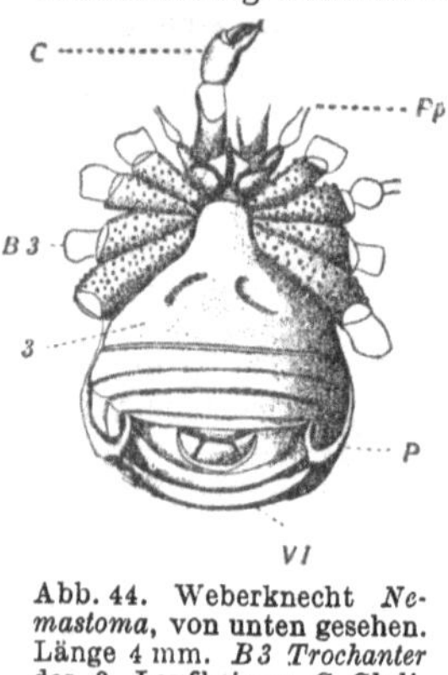

Abb. 44. Weberknecht *Nemastoma*, von unten gesehen. Länge 4 mm. *B3 Trochanter* des 3. Laufbeines; *C Chelicere*; *P Pleura*-Falte; *Pp Pedipalpenfemur*; 3 3. Sternit, VI 6. *Tergit* des Hinterkörpers. Nach Kaestner.

[1]) opilio = Schafhirt (auf Stelzen).

über die Genitalspalte hinweg erstreckt (Abb. 44). Bei den langbeinigen Arten sind Metatarsus und Tarsus in viele sekundäre Glieder zerlegt (bei *Opilio* über 50 am 2. Beinpaar). Sie können durch Zug der Krallensehne im Nu wie der Wickelschwanz der Affen spiralig eingerollt werden und dadurch Blattränder, Grashalme u. dgl. fest umfassen. Somit sind die langbeinigen Arten fähig, den Gipfel von Grasbüscheln, das sparrige Gezweige von Büschen usw. schnell zu überschreiten. Die Pedipalpen bilden teils beinförmige Taster *(Palpatores)*, teils ebenso geformte, aber sehr stark bestachelte, kräftige Raubbeine *(Laniatores)*. Als Sinnesorgane dienen hauptsächlich Tasthaare (nie Trichobothrien). Oft wird das 2. Laufbeinpaar als „Fühler" benutzt. Außerdem ist 1 Paar Mittelaugen vorhanden, deren biologische Bedeutung noch unbekannt ist. Sämtliche Ganglien des Körpers sind im Prosoma zusammengezogen zu einer einheitlichen Nervenmasse. Von der Nahrung (lebende und tote Insekten, Schnecken, Obst) werden mit den Cheliceren Stückchen abgerissen und der Mundgegend zugeführt. Die Laden der Pedipalpen und 1. bis 2. Laufbeine drücken die Bissen in den Mund. Im Gegensatz zu allen anderen Arachniden werden diese Laden von der Basis – nicht der Spitze – der Coxa gebildet. Darm S. 30. Die 3 Paar primären schlauchförmigen Blindsäcke verästeln sich nicht stark, bei den meisten *Palpatores* aber immerhin in einige dicke sekundäre und tertiäre Zweige. Malpighische Gefäße fehlen. Die Coxaldrüsen sind durch eine im Hinterkörper liegende große Sammelblase ausgezeichnet. Nephrocyten sind vorhanden, ebenso Perineuralorgane, das sind 4 Paar knotenförmige Ansammlungen exkretspeichernder Zellen, die ebensoviele Hinterleibsnerven streckenweise umhüllen. Die baumförmig verzweigten Luftröhren gehen von Stigmen aus, die meist dem 9. Sternit aufliegen, bei den *Eupnoi* aber in die Furche zwischen der letzten Beinhüfte und dem Hinterleib versenkt sind. Das Blutgefäßsystem besteht dementsprechend lediglich aus einem kurzen Herzen, das bei *Opilio* nur vom Tergit 8–9 reicht und 2 Ostienpaare besitzt. Außer den beiden Aortae sind keinerlei Arterien vorhanden. Bei den *Eupnoi* findet die Kopula mit Hilfe des langen Penis statt. Die Eier werden von dem Ovipositor, der bei diesem Tribus die Körperlänge ums Mehrfache übertrifft, tief in Erdspalten abgelegt. Etwa 2300 Arten von 1,7–22 mm Länge in allen Erdgegenden.

1. Unterordnung: *Cyphophthalmi*. Kaum 25 Arten von 1,7–6 mm Länge und milbenähnlicher Gestalt, aber reicher altertümlicher Gliederung.

Siro Latreille.

2. Unterordnung: *Laniatores*. Über 1400 meist hartchitinisierte Arten mit deutlicher Gliederung, stark bestachelten, raubbeinförmigen Pedipalpen und z.T. sehr langen Beinen. Im wesentlichen tropisch-subtropisch.

Gonyleptes Kirby.

3. Unterordnung: *Palpatores*. Pedipalpen laufbeinförmig. Über die ganze Erde verbreitet in über 800 Arten.

1. Tribus: *Dyspnoi*. 2. Beinpaar ohne Lade.

°*Trogulus* Latreille, kurzbeinige, flache Formen, die Schnekken fressen und ihre Eier in leere Schneckengehäuse ablegen. °*Ischyropsalis* C. L. Koch mit sehr großen Cheliceren, frißt ebenfalls lebende Gehäuseschnecken. – °*Nemastoma* C. L. Koch (Abb. 44).

2. Tribus: *Eupnoi*. Laden der Pedipalpen und des 1. Beinpaares kompliziert, mehrgliederig; Lade am 2. Beinpaar vorhanden. Accessorische Stigmen an den Tibien der Laufbeine. Abgeleitete junge Gruppe von über 700 meist weichhäutigen Arten.

°*Phalangium L.*, Weberknecht. – °*Opilio* Herbst (Abb. 11).

9. Ordnung: *Acarina*, Milben

Kennzeichen: Ausgesprochene Kleinformen. Vorder- und Hinterkörper nicht gegeneinander abgesetzt, einen einheitlichen Rumpf bildend, dessen hintere Hälfte nur bei 6 Arten gegliedert ist. Acron sowie Segment 1 + 2 fast immer durch eine Furche als Gnathosoma deutlich gegen den übrigen Rumpf abgesetzt (Abb. 8).

Die *Acari* stellen eine uneinheitliche formenreiche Ordnung der Arachniden dar, die nicht nur mit 2000 Arten ins Meer- und Süßwasser eingedrungen ist, sondern auch Tier- und Pflanzenparasiten ausgebildet und im Verein damit Körper und Mundwerkzeuge tiefgehend umgeformt hat. Der ei- oder sackförmige Körper ist bei Bewohnern von Haarbälgen, Federspulen oder Pflanzengallen wurmförmig geworden und u.U. sekundär geringelt (Abb. 46). Gleichzeitig können die Beine äußerst verkürzt, teilweise reduziert oder im Gegenteil zu kräftigen Klammerwerkzeugen geworden sein. Körpergliederung S. 19. Die Mundwerkzeuge der *Notostigmata*, deren Rumpf durch seine Gliederung in die Segmente 5–16 an die *Cyphophthalmi* erinnert, ähneln grundsätzlich denen der *Uropygi*, indem die Pedipalpenhüften unter der Oberlippe zu einem horizontalen Trog vereinigt sind. Bei den übrigen Unterordnungen aber verschmelzen die Pedipalpenhüften nicht nur ventral miteinander, sondern auch noch dorsal mit einem Abschnitt des Kopfvorderrandes, so daß eine Röhre gebildet wird, in der Cheliceren, Oberlippe und Mundöffnung sich befinden. Cheliceren und Pedipalpen S. 22. Die Beine sind entweder einfache Laufbeine, die bei den Wassermilben lange Schwimmborsten tragen können, oder sie sind bei Parasiten in besonderer Weise umgebildet. 0–5 Augen. Die inneren Organe zeigen starke Reduktionen. Hirn S. 26. Die Schlundpumpe liegt praecerebral, Außenverdauung ist bei einer Anzahl Arten nachgewiesen. Schlauchförmige Darmdivertikel sind meist vorhanden, bei den *Sarcoptiformes* aber nur 1 kurzes Paar, und bei den *Demodicidae* und den *Tetrapodili* fehlen sie ganz. (Folge der geringen Körpergröße.) Bei den *Trombidiformes* ist der Mitteldarm nicht mit dem After verbunden, sondern endet blind. Im Gegensatz zu allen anderen Arachniden sind sehr oft Speicheldrüsen vorhanden, die sogar beträchtliche Ausdehnung haben können. Die Exkretionsorgane werden dargestellt durch paarige entodermale Malpighische Gefäße oder einen ebenso fungierenden unpaarigen Schlauch (*Trombidiformes*), der in den Enddarm mündet, aber dem Ectoderm entstammt. Bei den *Sarcoptiformes* sind freilich nur manchmal 2 sehr kurze Malpighische Gefäße vorhanden, meist fehlen diese aber ganz wie auch bei den *Tetrapodili*. Atmungsorgane treten in Form von Röhrentracheen auf. Bei den *Notostigmata* münden sie – ein isoliert dastehender Fall – auf dem Rücken in 4 Stigmenpaaren aus. Im Gegensatz dazu liegt das einzige Stigmenpaar bei den *Parasitiformes* hinter einer der Hüften der Beine 2–4, bei den *Trombidiformes* nahe den Cheliceren oder Pedipalpen. Unter den *Sarcoptiformes* fehlen allen *Acaridiae* die Atemorgane, während die hartgepanzerten *Oribatei* bis zu 4 Paar Stigmen aufweisen können. Das Tracheensystem der *Acarina* weicht, wie diese Daten zeigen, derartig von den Atemorganen der übrigen Arachniden ab, daß es allgemein als neu erworben gilt, zumal es manchmal nur dem weiblichen Geschlecht zukommt usw. Ein Herz ist nur bei den *Notostigmata*, den *Gamasides* und *Ixodides* vorhanden. Es ist stets sehr kurz und mit höchstens 2 Ostienpaaren versehen. Seitenarterien treten nicht auf. Alle Reduktionen von Gefäß- und Atmungssystem sind als Folgen der geringen Körpergröße zu verstehen. Die Begattung erfolgt z.T. durch Penes (z.B. *Sarcoptiformes*), z.T. durch Gonopoden, die durch Cheliceren (z.B. *Parasitidae*) oder das 3. Beinpaar (manche Wassermilben) dargestellt werden. Einige Wasser milben setzen auch Sperma auf Stielen ab, das dann die Weib chen aufnehmen. Wenige sind lebendgebärend, die meisten legen Eier ab. Brutpflege ist nicht häufig. Auf die 6beinige Larve folgen 3 Nymphenstadien, von denen eines oder zwei unterdrückt sein können. Bisher sind erst 8600 Arten beschrieben worden von 0,1–30 mm Länge, wovon die meisten 0,3–2 mm messen. Die 5 Unterordnungen sind keineswegs eng miteinander verwandt.

1. Unterordnung: *Notostigmata*. Ausgezeichnet durch die Gliederung des Opisthosoma, die 4 Paar Stigmen auf dessen vorderen Tergiten und die Ausbildung des Gnathosoma, die dem Mundvorraum der uropygen *Pedipalpi* ähnelt.–*Opilioacarus* With mit etwa 6 Arten, lebt unter Steinen.

2. Unterordnung: *Parasitiformes*. 1 Paar Stigmen hinter den Beinhüften 2, 3 oder 4.

1. Supercohors: *Mesostigmata*. Tarsus 1 ohne Hallersches Organ. Pedipalpencoxen ohne einen widerhakenbesetzten Fortsatz.

1. Cohors: *Gamasides*. Stigmen hinter Coxa 3 oder 4. Herz vorhanden.

Familie: *Parasitidae*. – °*Parasitus* Latreille mit 0,6 bis 1 mm langen Arten die Thripse, Gallmilben, Collembolen, kleine Oligocheaten fressen. – °*P. fucorum* Latreille freilich frißt Bombusfaeces. Die Deutonymphe ist oft in Massen auf Hummeln, Roßkäfern usw. zu treffen, auf denen sie aber nicht parasitiert, sondern sich lediglich verschleppen läßt. Die Deutonymphe von – °*Poecilochirus necrophori* Vitzth., die auf °*Necrophorus* umherläuft, beteiligt sich am Mahle des Wirtes, der Fliegenlarven zerfleischt.

Familien: *Haemogamasidae* und *Laelaptidae*. Die Arten leben in Nestern und im Haarkleid von Muriden sowie Insectivoren und saugen Blut. Besonderheiten zeigen: *Liponissinae* mit sehr langen dünnen Cheliceren, die, wenn die Scheren geschlossen sind, zum Stechen verwendet werden können. Auf Säugern, Vögeln und Echsen. Meist wird die obere Hornschicht der Haut angeätzt. Unter den *Dermanyssinae* interessiert – °*Dermanyssus gallinae* de Geer (0,7–1 mm), dessen Weibchen lange nadelförmige Cheliceren ohne beweglichen Finger hat. Tagsüber in Ritzen der Ställe oder Käfige, kommt nachts hervor, um an Stubenvögeln oder Geflügel Blut zu saugen. Geht auch auf Pferde, Rinder und Menschen über. – *Entonyssinae* in Schlangenlungen. – *Rhinonyssinae* in der Nasenhöhle von Vögeln.

Familie: *Antennophoridae*, mit etwa 1 mm langen Arten,

die auf Ameisen leben und die bei deren gegenseitigen Fütterungen ausgewürgte Nahrung stehlen.

2. Cohors: *Uropodina.* Schildkrötenartig gepanzerte Bodenbewohner, deren Deutonymphen sich an Käfern festheften mit Hilfe einer aus dem After ausgestoßenen Klebmasse, die zu einem langen Stiel erhärtet.

2. Supercohors: *Ixodides.* Pedipalpencoxen in eine mit Widerhaken besetzte Clava verlängert. Mitteldarm gegen den After hin ganz oder fast völlig geschlossen.

1. Cohors: *Ixodei*, Zecken. Gnathosoma von oben sichtbar. Herz vorhanden.

°*Ixodes ricinus* Latreille (♀ 2,2 mm; vollgesogen aber von Erbsen- bis Ricinussamengröße) lebt adult dauernd auf einem Wirt (große Säuger, Mensch). ♀ saugt etwa eine Woche lang, erlangt dabei u.U. das 200fache seines Gewichtes, läßt sich dann zu Boden fallen und legt gegen 3000 Eier, die es auf seinem Vorderrücken festklebt, worauf es stirbt. Die Larve ersteigt Strauchspitzen und lauert auf Vögel und Echsen. Kann 19 Monate hungernd warten. Vollgesogen fällt sie zu Boden, wandelt sich in die Nymphe um, die einen größeren Säuger befällt. Gesättigt läßt sie sich wieder zu Boden fallen und häutet sich später zum Adultus. Jedes Stadium saugt nur einmal. Viele Gattungen, die die größten Acari enthalten, übertragen gefährliche Krankheiten des Menschen und der Haustiere und spielen wirtschaftlich eine sehr wichtige Rolle.

2. Cohors: *Argasides.* Gnathosoma von oben nicht sichtbar.

°*Argas reflexus* F., Taubenzecke, lebt nach Wanzenart tagsüber in Ritzen von Taubenställen und überfällt nachts die Vögel, um etwa ½ Stunde zu saugen. Larven dagegen bleiben tagelang angesogen. Starke Giftwirkung! Auch Menschen werden überfallen!

3. Unterordnung: *Trombidiformes.* Stigmen im Bereiche des Gnathosoma. Darm endet blind, also statt des Afters ein Uroporus, durch den das Exkretionsorgan entleert wird.

1. Cohors: *Tarsonemini.* Nur die Weibchen mit Tracheensystem und einem Paar Stigmen hinter den Pedipalpenhüften. Cheliceren nadelförmig, ohne beweglichen Finger.

Familie: *Pyemotidae.* °*Pyemotes* Amerling und °*Pediculopsis* Reuter leben parasitisch an Pflanzen (Gräsern) oder Insektenlarven (Kleidermotten, Ipiden, Rüßlern). Manche gehen auch auf den Menschen über. Mundsekret lähmt Insektenlarve. Saugendes Weib schwillt von 0,25 mm bis auf 1,8 mm

Länge an und gebiert über 200 lebende adulte Junge. Darunter nur 3½% Männchen, die neben der Geburtsöffnung der Mutter sitzen, das Herauskommen ihrer Schwestern erwarten und sie sämtlich sofort begatten. Oft ziehen sie die Weibchen mit Hilfe ihres langen 4. Beinpaares aus der Geburtsöffnung heraus.

Familie: ***Tarsonemidae***, leben meist in Pflanzengallen. – °*Acarapis woodi* Rennie, lebt ektoparasitisch (blutsaugend) im Pelz der Bienen. In manchen Gegenden besiedelt die gleiche Art die Haupttracheenstämme, durchsticht sie und saugt auf diese Weise Blut. Die Menge der Milben verstopft dann die Tracheen und führt zur Lähmung der Flugmuskulatur (O_2-Mangel). Schwerer Schaden für Imker!

2. Cohors: ***Prostigmata.*** Stigmen im Gebiet der Cheliceren.

1. Subcohors: ***Eleutherengona.*** Die Larven sehen den Adulti ähnlich und sind freilebend. Viele Familien. Von besonderer Wichtigkeit:

Familie: ***Tetranychidae.*** Kleine pflanzensaugende Acari (0,26–0,8 mm) mit stilettförmigen Cheliceren, die große Schäden verursachen wie z.B. – °*Bryobia praetiosa* C. L. Koch, die Stachelbeermilbe. Alle *Tetranychidae* spinnen mit Hilfe paariger Drüsen des Vorderrumpfes, die in den Mund münden, auf der Unterseite der befallenen Blätter eine Decke, unter der sie leben.

Familie: ***Cheyletidae***, räuberische Milben, die z.T. im Gefieder von Nagern und Vögeln Jagd auf Parasiten machen.

Familie: ***Demodicidae.*** °*Demodex folliculorum* Simon lebt in den Talgdrüsen der Haarbälge des Kopfes jedes Menschen, aber nicht in Mitessern! Talgfresser. Körper, dem Aufenthalt entsprechend, wurmartig 0,3–0,39 mm lang, sekundär geringelt, Beine zwar gegliedert, aber stummelförmig. Ohne Tracheen. Beim Menschen unschädlich, bei Säugern durch Übervermehrung gelegentlich Räuden verursachend.

Familie: ***Halacaridae***, Meeresmilben, meist nur 0,14 bis 0,6 mm lang, nichtschwimmende Grundbewohner, zumeist Räuber. Ohne Tracheen.

2. Subcohors: ***Parasitengona.*** Habitus der Larven, die stets parasitieren, anders als der der freilebenden Erwachsenen.

Familie: ***Trombidiidae.*** °*Trombidium holosericeum* L., bis 3 mm lang, leuchtendroter Erdbewohner, räuberisch. Larve befällt außer Ameisen alle Insektengruppen, auch Spinnen, verankert sich mit Cheliceren am Wirt. – °*Trombicula autumnalis* Shaw, Adultus unbekannt. Larven oft in Massen an feuchten Stellen, befallen Kleinsäuger und Menschen und verursachen durch mehrtägiges Saugen unerträgliches Jucken.

Gruppe *Hydrachnellae*, Wassermilben. Sehr artenreiche, rein ökologische Gruppe, deren Abteilungen von verschiedenen landbewohnenden Milbengruppen abstammen. Oft recht bunte Arten, teils Schwimmer (Beine lang behaart), teils Grundbewohner, die alle räuberisch leben. Die Larven vieler Species parasitieren an Wasserinsekten aller Art. – °*Hydrachna* O. F. Müll. – °*Limnochares* Latreille. – °*Unionicola* Holdemann.

4. Unterordnung: *Sarcoptiformes*. Cheliceren fast immer scherenförmig. Atemorgane stark reduziert, kein Herz, Exkretionsorgane klein oder fehlend.

1. Supercohors: *Acaridiae*. Integument meist weich. Keine Stigmen und Tracheen.

Familie: *Tyroglyphidae*. °*Tyroglyphus farinae* Latreille, 0,4–0,6 mm, in mehlartigen Stoffen. – °*Tyrolichus casei* Oudem, Käsemilbe. – °*Glyciphagus domesticus* de Geer, in Dörrobst, Polstermöbeln usw., manchmal ganze Wohnungen in Massen bevölkernd. – °*Rhizoglyphus echinopus* Fum. et Robin, an Knollen und Zwiebeln jeglicher Art. – Die meisten dieser oft in ungeheuren Mengen auftretenden Vorratsschädlinge können auch auf den Menschen übergehen und Hautreizungen erzeugen.

Familie: *Acaridae*. °*Acarus siro* Latreille, Weibchen knapp 0,4 mm lang, Krätzmilbe (Abb. 45). Ätzt in die Hornschicht der menschlichen Haut ein Loch, durch das sie zum Stratum germinativum gelangt. Schlürft Lymphe und Plasma.

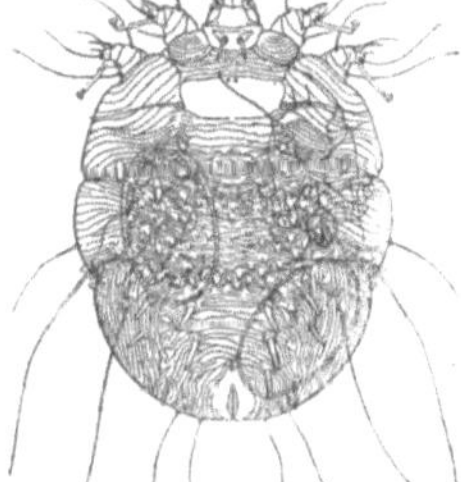

Abb. 45. Krätzmilbe *Acarus siro*. Körperlänge 0,4 mm. Nach Hirst.

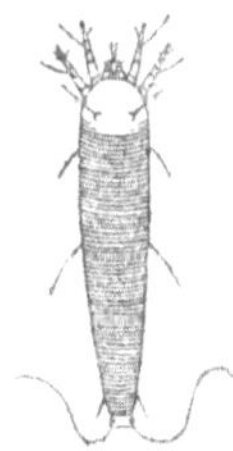

Abb. 46. Gallmilbe *Eriophyes canestrinii*. 0,16 mm lang. Nach Vitzthum.

Bohrt waagerechte Tunnel, in die Kot und Eier abgelegt werden. Das gereizte Stratum germinativum produziert besonders viel Horn und umkleidet damit die Milbengänge. Kosmopolitische Hautkrankheit, gegen die Sauberkeit nicht schützt. Unterarten erzeugen bei Säugern Räuden. – °*Knemidocoptes mutans* Robin, erzeugt die Kalkbeinigkeit der Hühner durch Fraß am Stratum germinativum.

Familie: ***Psoroptidae***, mit Räudeerzeugern auf Haustieren.

Familien: ***Pterolichidae***, ***Analgesidae*** und ***Falculiferidae*** leben auf der Unterseite der großen Schwung- und Steuerfedern der Vögel und fressen die Fettsubstanz, mit der das Gefieder eingeölt wird, daneben aber auch Hautschuppen.

Familie: ***Dermoglyphidae***, lebt innerhalb der Federschäfte und frißt die „Seele" der Federn.

Familie: ***Cytodidae***, lebt massenhaft in den Luftsäcken von Hühnervögeln, wird aber nur schädlich, wenn sie in die Bronchien wandert.

2. Supercohors: ***Oribatei***. Meist sehr fest gepanzerte Arten, die oft in jeder für den Trochanter ausgesparten Höhle ein Stigma besitzen. Bodenbewohner, die vermodernde Pflanzen fressen. Bis 1000 Stück dieser Humusbildner in einer Handvoll Moos!

5. Unterordnung: *Tetrapodili*. Körper wurmartig gestreckt, Haut sekundär geringelt. Nur 2 Beinpaare vorhanden (Abb. 46). Cheliceren zu Stechborsten umgeformt. Atem-, Kreislauf- und Exkretionsorgane fehlen, entsprechend der geringen Körpergröße von meist etwa $\frac{1}{4}$ mm. Viele erzeugen Gallen, Blattkräuselungen usw., alle sind Pflanzenparasiten. – °*Eriophyes* v. Siebold. – °*Phyllocoptes* Nalepa.

3. Klasse:

ASSELSPINNEN, *Pantopoda*[1])

So eindeutig und eng die Verwandtschaft der ersten beiden Klassen der Cheliceraten ist, so unklar ist deren Verhältnis zu den *Pantopoda*, die sich ebenfalls durch das Vorhandensein von Cheliceren und das Fehlen von Antennen und Kauwerkzeugen auszeichnen. Die Maße des Leibes dieser Tiere treten ganz hinter den mächtig entwickelten 4 (selten 5–6) Laufbeinpaaren zurück. (Zweifellos kein ursprünglicher Typus!) Der

[1]) pan = alles, pus = Bein.

kleine Körper besteht aus einem sehr beweglichen, röhrenförmigen Schnabel, dem 4gliedrigen Rumpf, der zumeist auf seitlichen Fortsätzen die Extremitäten trägt, und einem winzigen Hinterkörper (Abb. 47). Die Gliedmaßen 1–4 sind dem vordersten Abschnitt des Rumpfes angeheftet. Das 1. Paar bildet (meist scherentragende) Cheliceren, das 2. ziemlich kurze Taster, das 3. zarte, vielgliedrige Extremitäten, die das Männchen als Eierträger verwendet. Viel stärker sind die nun folgenden oft recht langen Gangbeine ausgebildet, deren Zahl meist 4, seltener 5 oder 6 Paar beträgt. Die ersten beiden Gliedmaßenpaare fehlen manchen Gattungen ganz, das 3. kann nur bei Weibchen unterdrückt sein. So besitzt z. B. *Pycnogonum* außer den 4 Paar Gangbeinen keinerlei Extremitäten.

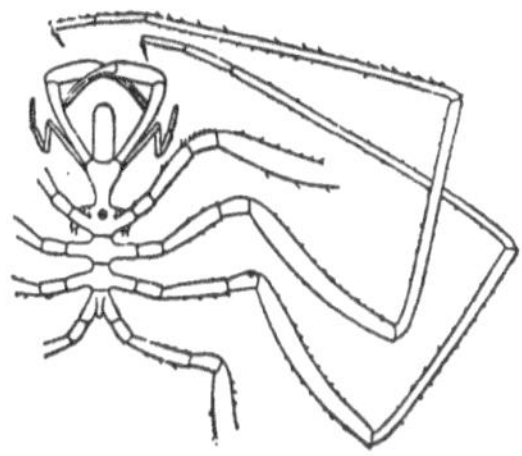

Abb. 47. Asselspinne *Eurycyde hispida* Kröyer. Nach Schimkevitsch.

Der vordere Teil des Rumpfes trägt oft 4 sehr einfache Linsenaugen. Andere Sinnesorgane sind noch nicht nachgewiesen worden. Das Nervensystem besteht aus Oberschlundganglien (Hirn und Chelicerenganglion), einem Unterschlundganglion, das die Ganglien der Gliedmaßen 2–3 (selten auch 4) umfaßt, sowie einer daran anschließenden Kette aus den Ganglienpaaren der folgenden Laufbeine, an die sich bei Jugendstadien 1–2 Hinterkörperknoten ansetzen.

Die Mundöffnung liegt an der Spitze des Rüssels und führt in einen als Saugorgan dienenden Pharynx, dessen hinterer Abschnitt mit starken Chitinstacheln bewaffnet ist und so als Filter für feste Nahrungsbestandteile wie auch als Zerkleinerungsorgan für diese dient. Hinter dem Hirn folgt der Mitteldarm, der Blindschläuche bis in die Tarsen der Beine schickt, die wie bei anderen Cheliceraten mit einem dimorphen Epithel ausgekleidet sind, das die Nahrung intracellular verdaut. Der Enddarm ist kurz. Die Exkretion wird durch Nephrocyten versorgt. Atemorgane sind nicht vorhanden. Das periphere Blutgefäßsystem besteht aus einer quer durch den Hohlraum der Extremitäten gespannten Membran. Die ganze Länge des Rumpfes wird von einem halbrinnenförmigen Herzen eingenommen, dessen freie Ränder sich der Rückendecke anheften. Meist sind 2, selten 3 Ostienpaare vorhanden. Die Geschlechtsdrüsen erstrecken sich weit in die Beine hinein. Ihre Mündungen liegen an der Unterseite des 2. Gliedes der Laufbeine, beim Weibchen oft an jedem Paar, beim Männchen meist nur an den hinteren Paaren. Bei der Eiablage ist stets das Männchen anwesend. Es ergreift die vom Weib abgegebenen Eier mit dem hakenförmig gekrümmten, zarten 3. Extremitätenpaar und umhüllt sie dabei mit einer schleimigen Klebmasse, die sie zu einem Ballen vereinigt, den das Männchen mit sich herumträgt. Die schlüpfenden Larven haben nur 3 Paar Gliedmaßen und leben meist im Gastralraum von Polypen, wo sie Nährsäfte – nicht Gewebe – aufnehmen.

440 marine Arten von 0,8–100 mm Länge und bis 50 cm Spannweite. Die meisten klettern auf Hydroidenstöcken umher, packen Köpfchen derselben mit den Cheliceren, reißen sie ab und halten sie vor die Lippen des Rüssels. Alsbald wird das Köpfchen aufgesogen. Andere Arten bohren Actinien an und können sie nach und nach völlig aufsaugen.

°*Nymphon* F. – °*Pycnogonum* Brünnich (s. S. 76).

4. UNTERSTAMM: TRACHEENATMER, RÖHRENATMER *Tracheata*

Die Tracheaten[1]) umfassen mit etwa 758000 bisher beschriebenen Arten mehr als die Hälfte aller bisher bekannt gewordenen Tierspecies und damit eine Fülle der verschiedensten Gestalten. Sie zeichnen sich vor den übrigen Arthropoden durch folgende Merkmale aus:

1. Nur das 1. Paar Antennen[2]) ist vorhanden, weshalb die Gruppe auch als *Antennata* bezeichnet wird im Gegensatz zu den *Diantennata* (Krebsen).
2. Das 2. Segment (entspricht der 2. Antenne der Krebse bzw.den Cheliceren) wird beim Embryo durch ein gliedmaßenloses Metamer, das Interkalarsegment[3]), dargestellt, dessen Ganglion als Tritocerebrum sich eng an das aus Proto- und Deutocerebrum bestehende Hirn

[1]) trachea = Luftröhre. [2]) antenna = Fühler (eig. Segelstange).
[3]) intercalaris = eingeschaltet.

anschließt, aber eine besondere, hinter dem Schlund verlaufende Kommissur besitzt.

3. Die Gliedmaßen der 3 folgenden Segmente (3—5) entwickeln sich wie bei den Krebsen zu beißenden Mundwerkzeugen [Mandibel[1]) und 2 Maxillenpaaren[2])] und verbinden sich mit den davorliegenden Somiten und dem Akron zu einem Kopf.
4. Die Atemorgane werden von Luftröhren gebildet, die mit Chitin ausgekleidet sind. Konvergente Tracheen haben sich bei landbewohnenden Asseln, *Protracheata* (s. Bd. Würmer) und manchen *Arachnida* (S. 33) herausgebildet.
5. Die Exkretion wird im wesentlichen von sehr langen Schläuchen, den Malpighischen Gefäßen, übernommen, die vom Enddarm — oft an dessen Grenze gegen den Mitteldarm — ausgehen und ektodermalen Ursprungs sind.
6. Der Darmkanal besitzt niemals ausgedehnte, verästelte Mitteldarm-Blindschläuche.

Der Besitz von Antennen sowie die ziemlich ähnliche Ausbildung von 3 Paar Mundwerkzeugen am Kopfe, deren 1. Paar ausgesprochene Scherenkiefer werden, nähert die Tracheaten den Krebsen und entfernt sie von den *Chelicerata*.

Die Tracheaten lassen sich nach verschiedenen Grundsätzen systematisch einteilen. Wir unterscheiden folgende 2 Klassen:

1. *Myriopoda* (= Tausendfüßler), bei denen die gleichmäßige Gliederung des embryonalen Rumpfes sowie die Ausstattung seiner sämtlichen Segmente mit Beinpaaren zeitlebens erhalten bleiben.
2. Insecta, *Hexapoda* (= Insekten), deren in der Keimscheibe zunächst gleichmäßig ausgebildete Rumpfsegmente sich beim erwachsenen Tier zu 2 Tagmata gruppieren: dem 3 Laufbeinpaare tragenden Thorax,

[1]) mandibula = Oberkiefer. [2]) maxilla = Unterkiefer (beides eig. Kinnbacken).

der in der Hauptsache die Lokomotion bewirkt, und dem beinlosen Abdomen, das von den Verdauungs-, Exkretions- und Geschlechtsorganen ausgefüllt ist und lediglich vegetativen Funktionen und der Fortpflanzung dient. Freilich werden an diesem Abdomen keineswegs sämtliche Gliedmaßenanlagen völlig zurückgebildet. Doch nehmen die Reste nie die Gestalt richtiger Laufbeine an, sondern werden zu Schwanzanhängen (Cerci), Sprunggabeln oder Gonopoden.

Vor kurzem noch wurde als Einteilungsprinzip die Lage der Geschlechtsöffnung gewählt, die bei den Insekten und Hundertfüßlern *(Chilopoda)* am Körperende, bei den Doppelfüßlern, Wenigfüßlern und *Symphyla* aber in einem der ersten Rumpfsegmente, also vorn liegt. Dabei ist zu bedenken, daß bei vielen der zuletzt genannten *Progoneata*[1]) das Tier schon geschlechtlich tätig ist, wenn noch gar nicht sämtliche hinteren Segmente ausgebildet sind, so daß die Geschlechtsöffnung aus diesem Grunde nicht am Körperende liegen kann. Dem entspricht die Tatsache, daß Tiegs bei den *Symphyla* beobachtet hat, daß sich der vorn liegende Geschlechtsausführgang nicht – wie normalerweise – aus einer Ausstülpung des Genitalcöloms, sondern aus einer Ektodermeinstülpung entwickelt, also auf einem sekundären Wege. (Die Embryologie der *Diplopoda* ist nicht genau bekannt, so daß wir bei ihnen über diese Verhältnisse nichts wissen.) Aus diesen Gründen erscheint die Lage der Geschlechtsöffnung im Vorderrumpf als eine sekundäre Eigenschaft, die wohl von der Anamorphose der Tiere abzuleiten ist und deshalb an systematischer Bedeutung weit hinter der homonomen Gliederung der Tiere zurücksteht, die darum als Einteilungsgrund von uns gewählt wird.

1. Klasse:

TAUSENDFÜSSLER, *Myriopoda*[2])

Kennzeichen: Der Rumpf besteht aus gleichartigen oder fast gleichartigen Segmenten, die fast alle ausgebildete Laufbeinpaare tragen.

---

[1]) pro = vorn, gonos = erzeugt.
[2]) myrias = 10000.

1. Unterklasse: *Chilopoda*[1]), Hundertfüßler

Kennzeichen: Fast alle Rumpfsegmente mit je 1 Laufbeinpaar. Im 1. Segment ist dieses zu einem Kieferfuß umgebildet und mit starker Giftklaue versehen. Raubtiere.

Der Körper der Hundertfüßler gibt uns durch seine gleichmäßige Gliederung in geradezu idealer Weise eine lebendige Vorstellung von dem äußeren Aussehen eines primitiven Gliederfüßlers, der noch viele Annelidenmerkmale besitzt (Abb. 48). Der Kopf freilich, dem das Segment der Antennen, das Interkalarsegment sowie die Segmente der Mandibeln und der 2 Maxillenpaare angehören, ist ein typischer Arthropodenkopf und weit von dem Prostomium der Gliederwürmer entfernt. Bei allen *Pleurostigmophora* ist er wie der ganze Körper äußerst abgeflacht, und die Antennen sind an sein Vorderende verlagert, alles Eigenschaften, die so recht zum Leben in Spalten unter flachliegenden Steinen, Rinde usw. passen. Das 1. Rumpfsegment zeichnet sich stets dadurch aus, daß das ihm zugehörige Laufbein in ein Beißwerkzeug, den Kieferfuß, verwandelt ist, dessen Tarsus und Praetarsus zu einer großen Giftklaue verschmolzen sind, an deren Spitze eine Giftdrüse mündet (Abb. 49). Deren Sekret tötet Insekten und Spinnen, die Hauptbeutetiere der

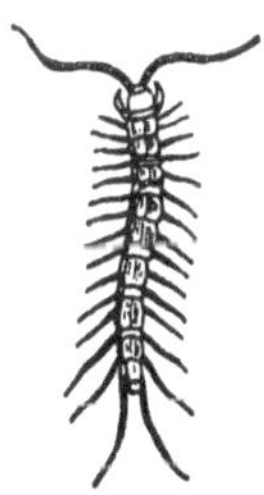

Abb. 48. *Lithobius forficatus* L. Steinkriecher. Körperlänge 3 cm. Nach Effenberger.

Abb. 49. Giftfüße von *Geophilus spec.* Nach Effenberger.

[1]) cheilos = Lippe, pus, podos = Fuß.

meisten Chilopoden, augenblicklich. Für den Menschen aber hat nur der Giftbiß der großen Arten der Mittelmeerländer und Tropen Folgen (starker Schmerz, selten Allgemeinerscheinungen). Der Rumpf hat je nach der Art 19—181 Segmente, die aus einem festen Tergit (Rückenplatte), einem starren Sternit (Bauchplatte) und 2 weichhäutigen Seitenteilen (Pleuren) bestehen. Abgesehen vom 1. und den beiden präanalen (vor dem After gelegenen) Rumpfringen trägt jeder 1 Paar Laufbeine. Oft ist das letzte Paar, das gewöhnlich nicht zur Ortsbewegung dient, sehr lang, scharf bestachelt, stark bedornt oder gar wie eine Zange geformt und dient als Waffe. Für die meist in engen Spalten lebenden Tiere ist eine solche Bewehrung des Hinterendes von Bedeutung. Die beiden vorletzten Segmente sind etwas abweichend ausgebildet. Sie tragen die Geschlechtsöffnung, neben der sich oft kleine Gonopoden, also zu Geschlechtswerkzeugen umgebildete Beine, befinden.

Das Nervensystem besteht aus Oberschlundganglion (Proto-, Deuto-, Tritocerebrum), Unterschlundganglion (Ganglien der 3 Mundwerkzeuge) und einer durch Konnektive verbundenen Ganglienkette, die in jedem außer den 3 letzten Somiten ein einzelnes Ganglienpaar aufweist, also einen sehr ursprünglichen Zustand zeigt. (Bei den *Notostigmophora* sind auch die Konnektive mit Ganglienzellen besetzt.) Die *Geophilomorpha* sind blind, die übrigen Gruppen besitzen Haufen von 1—34 einfachen Ocellen bis auf die *Notostigmophora*, die wie Insekten Facettenaugen mit 100—6000 Ommatidien haben. Weitere Sinnesorgane werden durch Haare sowie eine am Kopf befindliche tiefe Sinnesgrube, das Tomösvarysche Organ, dargestellt.

Die Mundwerkzeuge bestehen aus 1 Paar starken Mandibeln, 1 Paar ziemlich weichhäutigen, gegliederten 1. Maxillen und einem 2. Maxillenpaar, an dem besonders die einem verkleinerten Bein ähnlichen Taster hervortreten. Der deutsche Steinkriecher, *Lithobius*, hält gefangene Fliegen mit den Kieferfüßen, manchmal auch dem 1. Laufbein fest und schiebt sie mit den Tastern der Maxille 2 zum Mund, wo die Mandibeln wie Scheren auf- und zuschlagen und Stücke von etwa $^1/_4$–$^1/_2$ mm Länge abquetschen. Diese gelangen samt ausgepreßten Säften zunächst in den bei Skolopendern sehr langen, chitinisierten Vorderdarm, nachdem sie mit dem Sekret von Drüsen gemischt worden sind, die nahe den Mundgliedmaßen münden. Die eigentliche Verdauung und Resorption geschieht im geraden Mitteldarm, der keinerlei Blindschläuche besitzt. Ein geschlängelter ektodermaler Enddarm führt dann die unverdaulichen Reste zum After am Körperende. Als Speicherorgan dienen die Lappen des Fettkörpers, der in der Nähe des Darmrohrs liegt und aus Cölomwänden des Embryos hervorgegangen ist.

Das Blutgefäßsystem ist trotz des hoch entwickelten Tracheensystems merkwürdigerweise reich entwickelt, wie wir es von keinem anderen Tracheaten kennen. Das körperlange Herz hat so viel Ostienpaare und Seitenarterien, wie Beinpaare vorhanden sind. Doch wird der ventrale Teil des Körpers samt den Beinen von einem Bauchgefäß aus versorgt, das dem Bauchmark aufliegt und nur am vorderen und hinteren Körperende durch paarige Gefäßschlingen mit dem Herzen in Verbindung steht. Die reich verzweigten Arterien enden offen in den Gewebslücken.

Die Stigmen liegen bei allen *Pleurostigmophora* an der Seitenwand des Körpers. Bei Geophiliden ist in jedem Somiten 1 Paar vorhanden, bei den anderen Gruppen sind sie auf bestimmte Segmente beschränkt. Die Tracheen verzweigen sich reich, und ihre Stämme anastomisieren über die Somitgrenzen hinweg miteinander (außer bei den *Lithobiomorpha*). Bei den Spinnenasseln *Notostigmophora* öffnen sich die Stigmen am Hinterrand von 7 Tergiten. Sie führen in einen Vorhof, der bis 300 kurze, dichotom verzweigte blinde Kapillaren abgibt, die innerhalb des Perikards liegen, also wie Lungen wirken.

Die Exkretion wird in der Hauptsache besorgt von Malpighischen Gefäßen, Nephrocyten und Maxillennieren.

Letztere haben einen ähnlichen Bau wie die Coxaldrüsen der Arachniden und münden bei den Maxillen. Die Gonaden sind primär paarig, das Ovar im entwickelten Stadium aber stets unpaar. Sie münden am vorletzten Sternit. Kopula unbekannt. Die *Lithobiomorpha* legen jeweils nur 1 Ei, das sie in den Gonopoden einige Tage mit sich umhertragen. Im Gegensatz dazu stoßen die anderen *Pleurostigmophora* alle Eier zugleich ab und bewachen sie in einer Erdhöhle, wo sie sich um die Eier herumschlingen.

1700 Arten von 3–265 mm Länge in allen Erdteilen.

1. Überordnung: *Notostigmophora*, Spinnenasseln. Stigmen auf dem Rücken. Kopf primitiv rund, nicht abgeflacht, urinsektenähnlich. Facettenaugen vorhanden. 2. Maxille und Giftfüße noch ganz beinähnlich, können vertikal gestellt werden. Tarsenendglieder der 15 langen Laufbeine vielteilig, werden wie ein Lasso blitzschnell um Fliegen geworfen, die in den Windungen festgehalten werden. Nachttiere, die äußerst geschwind dahinhuschen. Keine Brutpflege. – °*Scutigera* Lamarck, Spinnenassel (Abb. 50), in den wärmsten Gegenden Deutschlands, Südeuropa, Subtropen und Tropen.

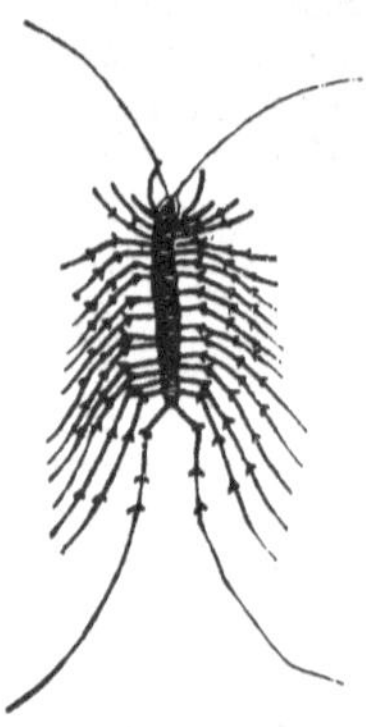

Abb. 50. *Scutigera coleoptrata* L. Spinnenassel. Körperlänge 2,5 cm. Nach Effenberger.

2. Überordnung: *Pleurostigmophora*. Stigmen auf den Pleuren. Kopf und Körper stark abgeflacht, Maxille 2 und Giftfüße flach, waagerecht gestellt, Gruppe von Einzelaugen.

1. Divisio: *Anamorpha*. Das geschlüpfte Junge hat nur 7 Beinpaare. Erst nach mehreren Häutungen treten alle 15 Paare auf.

1. Ordnung: *Lithobiomorpha*. Tracheen nicht anastomisierend. Tergite ungleich lang. Nur 15 Beinpaare. – °*Lithobius* Stuxberg, Steinkriecher 2–3 cm lang (Abb. 48), unter Steinen, Baumrinde usw.

2. Divisio: *Epimorpha*. Beim Ausschlüpfen sind alle Segmente vorhanden. Tergite gleich oder fast gleich lang. Tracheen anastomisierend.

1. Ordnung: *Scolopendromorpha*. 21–23 Laufbeinpaare. – *Scolopendra* L., Skolopender, bis 26,5 cm lang, Biß schmerzhaft, in wärmeren Ländern.

2. Ordnung: *Geophilomorpha.* 30 bis über 170 Beinpaare. Starke Segmentvermehrung verbunden mit Reduktionen der Beinausbildung, des Hirnes usw. - °*Geophilus* Leach, 2–4 cm lang, 40–70 Beinpaare, unter Steinen, in Gartenerde 10–30 cm tief. Angegriffen, rollen sich die Arten, den Bauch nach außen, zusammen. Die am Bauche mündenden Drüsenporen geben dabei Sekret ab, das Insekten zur Abkehr veranlaßt. Im Herbst leuchtet bei manchen deutschen Arten dieses Sekret.

2. Unterklasse: *Diplopoda*[1]), Doppelfüßler

Kennzeichen: Die Doppelfüßler zeichnen sich vor allen anderen Arthropoden dadurch aus, daß vom 4. Segment ab jeder Rumpfring 2 Paar Beine trägt und gleichzeitig auch 2 Paar Bauchganglien, 2 Paar Stigmentaschen, 2 Paar Seitenarterien des Herzens sowie 2 Paar Ostien enthält. Oft zeigt auch äußerlich eine Naht an, daß der Ring 2 Segmenten entspricht (Abb. 51). Die Embryologie lehrt, daß diese Doppelsegmente nicht etwa durch Verwachsung zweier einfacher Somite entstehen, sondern dadurch, daß die Keimscheibe zunächst in Diplosomite zerfällt, die sich dann nur so unvollständig teilen, daß ihre Binnengrenze nicht äußerlich am Tiere sichtbar wird. Fast sämtlich Pflanzenfresser.

Die *Diplopoda* treten uns in der Hauptsache in 3 verschiedenen Gestalten entgegen: cylindrisch-wurmförmig (Abb. 51), bandförmig, infolge seitlich hervorragender platter Auswüchse der Tergite, und asselförmig (Abb. 55). Ihre Kutikula besteht wie die der *Chilopoda* aus 3 Schichten, von denen aber die beiden inneren mit Kalksalzen

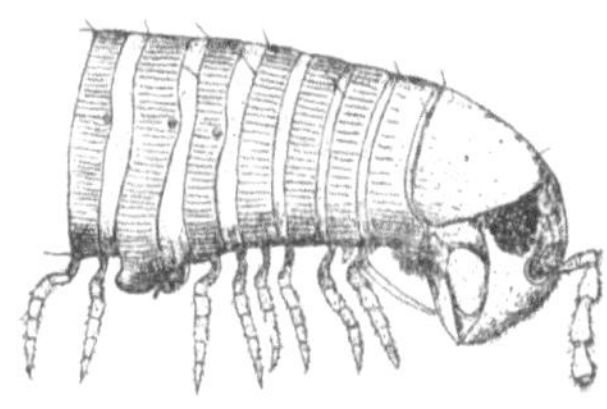

Abb. 51. Doppelfüßler, *Julus terrestris.* Vorderer Körperabschnitt eines Männchens, von der Seite gesehen. Jeder Körperring zerfällt in einen glatten vorderen und einen gerifferten Hinterabschnitt. Auf den letzten 3 Ringen ist in der Mitte die Mündung der Wehrdrüse sichtbar. An der Ventralseite des vorletzten gezeichneten Segmentes liegen die Gonopoden. Nach Schubart.

[1]) diplo = doppelt.

imprägniert sind. Dadurch wird der Hautpanzer so starr und fest, daß z.B. der 25 mm lange *Cylindroiulus londinensis* eine Last von 1 kg trägt, ohne Schaden zu leiden (das ist das 14000fache seines Eigengewichts!). Die

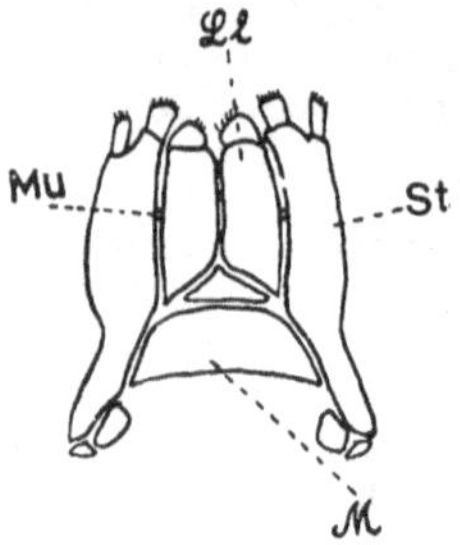

Abb. 52. Gnathochilarium von *Heteroporatia*. Nach Schubart. *Ll Lamella lingualis*; *M Mentum*; *Mü* Mündung der Maxillarnice; *St Stipes*.

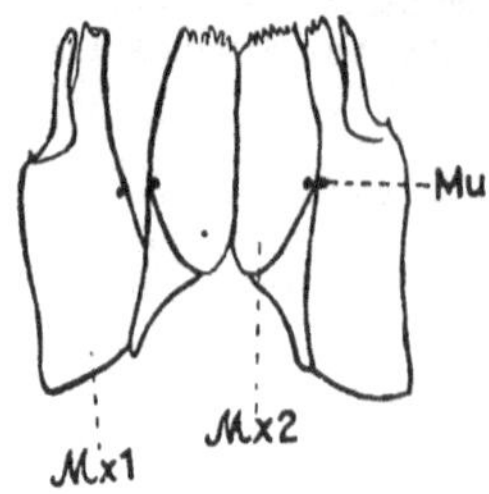

Abb. 53. Die beiden Unterkieferpaare von *Scutigerella*. Nach Pflugfelder, verändert. *Mx 1* 1. Maxille; *Mx 2* 2. Maxille.

biologische Bedeutung dieser Panzerung besteht darin, daß die Tiere das Getretenwerden von großen Säugern vertragen, daß die scharfen Kiefer der Raubinsekten an dem glatten harten Panzer abgleiten, ohne zu fassen usw. Dagegen bietet sie keinen Schutz gegen Feuchtigkeitsverlust, worauf zurückzuführen ist, daß die Tiere sich nur in feuchten Lebensräumen aufhalten.

Der rundliche Kopf trägt 1 Paar kurze Antennen, die besonders am Ende reichlich mit Sinneshaaren und -zapfen ausgestattet sind. Sein Vorderrand ist zugeschärft und in der Mitte als Oberlippe ausgezahnt (Abb. 51). Seine Hinterseite wird von einer festchitinisierten breiten Klappe eingenommen, dem Gnathochilarium[1]), dessen Gestalt bei den einzelnen Gruppen stark wechselt. Ein Vergleich mit den Mundwerkzeugen der *Symphyla* macht wahrscheinlich, daß das Gnathochilarium durch die Verwachsung beider Maxillenpaare entstanden ist. Nicht nur seine

[1]) gnathos = Kiefer, cheilos = Lippe.

Gliederung, auch die Lage der Mündung der Maxillennieren weist daraufhin (vgl. Abb. 52 und Abb. 53). Doch konnte bei nur einer von 7 untersuchten Arten beim Embryo das Zusammentreten von 2 Paar Maxillen zum Gnathochilarium verfolgt werden, sonst war stets nur das vordere Maxillenpaar angelegt, während das folgende Segment keine Gliedmaßenanlage trug. Das Gnathochilarium ist seitlich durch weite Gelenkhäute so mit den Kopfseiten bzw. Grundgliedern der Oberkiefer verbunden, daß es wie eine Falltür nach hinten unten geklappt werden kann. Dabei öffnet sich zwischen seiner Vorderkante und der ihr in Ruhe anliegenden Oberlippe ein Spalt, der in den breiten, rachenartigen Vormundraum führt. Die Vorderwand desselben wird durch die nach innen umgeschlagene Haut der Oberlippe, die Hinterwand durch die nach innen umgeschlagene Haut des Endrandes des Gnathochilariums dargestellt. In der Tiefe geht der Mundvorraum trichterartig in den Pharynxeingang über. Vor diesem liegt jederseits eine große Mandibel, meist mit einem Paar großer Zähne und vielen zarteren Reibleisten aus Chitinspitzen ausgestattet.

Auf den Kopf folgen 4 Ringe, die nur je 1 Beinpaar tragen, beim Embryo aber je 2 Ganglien- und 2 Cölomsackpaare besitzen. An sie setzen sich je nach der Art 13—250 Rumpfringe, deren Vorderhälfte konisch verengt ist und sich tief in den davorliegenden Körperring einschieben läßt. Stets ist der Rückenteil länger als der Bauchabschnitt. Die Bedeutung dieser Einrichtung wie der ganzen Doppelsegmentbildung überhaupt liegt wohl lediglich darin, daß sie den Tieren ermöglicht, sich wie eine Spiralfeder einzurollen und dabei dem Feinde nur die harten Rücken- und Seitenteile der Körperringe zum Angriff zu bieten, während die Beine zwischen diesen in den inneren Gängen der Spirale geschützt liegen. Die zarten Beine (bis 251 Paare) haben sehr gleichartige Glieder und sind ziemlich kurz. Sie berühren beim Laufen den Boden nur mit der Krallenspitze und lassen den Körper niemals schleifen. Das Nervensystem besteht aus einem Oberschlundganglion, das sich aus den gleichen Teilen wie das der Chilopoden zusammensetzt, einem Unterschlundganglion, das die Ganglien der Mandibeln und des Gnathochilariums enthält, sowie einer durch den ganzen Körper reichenden paarigen Kette von Bauchganglien, von denen je 2 Paar auf ein Diplosomit kommen. Als Sinnesorgane dienen mannigfach geformte Sinneshaare sowie Sinneskegel und Stifte, die sich besonders an dem Endgliede der Fühler sowie dem Gnathochilarium finden und z. T. dem Tasten, z. T. chemischen Wahrnehmungen dienen. Außerdem ist bei vielen Arten zwischen Antennengrube und den Augen ein Tomösvarysches Organ (eingestülpter Chitinschlauch mit Polster von Sinneszellen und Sinnesfortsätzen) vorhanden. Die Funktion des Apparates ist unbekannt. Bei vielen Familien liegen an der Vorderseite des Kopfes jederseits Gruppen von einschichtigen Napfaugen (1–79). Sie gestatten kein Bildsehen, leiten aber unsere Tiere ins Dunkle, also in ihren feuchten Lebensraum unter abgefallenen Blättern usw. Freilich sind auch die augenlosen Arten *(Polydesmidea, Blaniulus)* lichtempfindlich, erstere besonders an den Fühlern. Der Sitz des gut entwickelten Feuchtigkeitssinnes ist noch unbekannt.

Der Verdauungsapparat besteht aus einem gerade verlaufenden Darmkanal (nur bei *Glomeridae* macht der Enddarm eine S-förmige Schlinge), der keinerlei Anhänge besitzt. Die Nahrung gelangt durch einen mit Chitin ausgekleideten Vorderdarm in den sehr langen Mitteldarm, der allein die Verdauung und Resorption übernimmt. Der Kot wird durch den chitinisierten Enddarm und 2 türflügelartige Afterklappen ins Freie geleitet. In den Mundvorraum münden eine Anzahl Drüsen, deren Bedeutung für die Aufschließung der Nahrung noch unbekannt ist. Die resorbierten Stoffe werden in einer Zellschicht gespeichert, die den Mitteldarm außen umhüllt („Leberzellen").

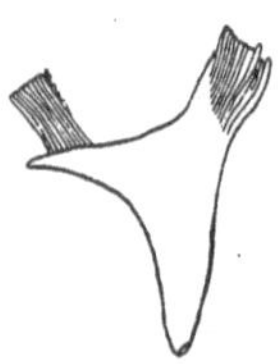

Abb. 54. Tracheentasche eines *Julus* mit ausgehenden Kapillaren. Nach Krug, verändert.

Als Atemorgane dienen Tracheen, die als

sehr dünne, niemals verzweigte Kapillaren in 2 großen Bündeln an Tracheentaschen entspringen (Abb. 54). Die letzteren sind starke, hohle Chitinapodeme, von denen je eines neben jedem Bein von der Körperoberfläche aus ins Leibesinnere ragt und dem Ansatz starker Beinmuskeln dient. Eine ähnliche Verbindung von Muskelinsertion mit Luftröhren finden wir bei manchen Spinnen (S. 33). (*Glomeris* hat übrigens stark verzweigte Tracheen.) Das Blut wird durch ein körperlanges, zartes Rückengefäß, das in jedem Doppelsegment 2 Paar Ostien, ebensoviel Flügelmuskeln und Seitenarterien besitzt, in den Körper getrieben, wo es dann in Organlücken dahinfließt. Die Exkretion erfolgt durch Malpighische Gefäße, die in den Enddarm (meist basal) münden, Maxillarnieren sowie Nephrocyten, die besonders im Blutraum neben dem Bauchmark und im Fettkörper liegen.

Die männlichen und weiblichen Keimdrüsen sind zumindest ursprünglich paarig und durchziehen den ganzen Körper. Ihre Ausführgänge münden bei beiden Geschlechtern auf dem 3. Rumpfring. Die Begattungsorgane der Männchen werden durch umgebildete, sehr komplizierte Beinpaare (Gonopoden) dargestellt, die am 7. Diplosomiten befestigt sind (Ausnahme Glomeridae). Vor der Kopula bringt das Männchen durch Einkrümmen seines Vorderendes die Geschlechtsöffnung mit den Gonopoden zusammen und füllt letztere mit Sperma. Bei der Kopula liegt es Bauch an Bauch mit dem Weibchen, nach vorn ein Stück über dessen Kopf hinausragend, so daß seine Gonopoden der weiblichen Geschlechtsöffnung gegenüberliegen und das Sperma übertragen können. Die Weibchen legen Eier, die sie in einem aus Kotbällchen aufgebauten Gewölbe bergen. Die Jungen schlüpfen mit nur wenigen (oft 7) Segmenten und meist nur 3 Beinpaaren. Ihr Bau gleicht aber sonst dem der Erwachsenen. Bei jeder Häutung werden neue Segmente und Beinpaare frei, die sich vorher in einer vor dem Analsegment gelegenen Sprossungszone gebildet haben. Nach etwa 7—10 Häutungen ist das Tier geschlechtsreif, häutet sich aber noch weiter. Es liegt also keine Metamorphose, sondern eine Anamorphose vor (vgl. S. 80). Bei manchen Juliden tritt auch die merkwürdige Periodomorphose auf: erwachsene Männchen bilden nach einer Häutung ihre Gonopoden zurück und erscheinen als unreif (Schaltmännchen), um nach der nächsten Häutung wieder funktionsfähige Begattungsbeine zu erwerben.

Fast alle Diplopoden ernähren sich von zerfallenden pflanzlichen und tierischen Substanzen sowie weichen Pflanzenteilen oder Pilzen und nehmen so an der Humusbildung stark teil. Wenige werden schädlich. Einige *Lysiopetalidae* sind Räuber. Alle leben in feuchten Biotopen, unter abgefallenen Blättern, unter Baumrinde, unter Steinen und sind ausgesprochene Dunkeltiere. Bei Gefahr rollen sie sich zusammen. Bei Berührung scheiden dann viele aus Wehrdrüsen, von denen je 1 Paar an den Seiten der Diplosomite liegt, eine ätzende Flüssigkeit ab, die bei manchen Arten freie Blausäure enthalten soll.

6300 Arten von 2–300 mm Länge.

1. Überordnung: *Pselaphognatha.* 2–3 mm lange, stark beborstete Tiere ohne Kalkinkrustation. Nur 13–17 Beinpaare. °*Polyxenus* Latreille.

2. Überordnung: *Chilognatha.* Mindestens 17 Beinpaare.

Abb. 55. *Glomeris spec.*, von oben gesehen und zusammengerollt, von der Seite aus gesehen. Natürliche Länge 1,5 cm. Nach Effenberger aus Brohmer.

1. Ordnung: *Opisthandria.* Vorletztes oder letztes Beinpaar zu Gonopoden umgebildet. Asselförmige Tiere, die sich wie Rollasseln zusammenkugeln können. – °*Glomeris* Latreille (12–13 Segmente), 5–13 mm lang (Abb. 55).

2. Ordnung: *Proterandria.* Gonopoden im vorderen Körperteil, gestreckte Tiere. Körper wurmförmig: °*Blaniulus* Gervais, 9–16 mm lang, in faulenden Substanzen, an Erdbeeren, Zwiebeln, Tomaten, Menschenkot, Tierleichen, in Särgen. – °*Julus auctorum.* – *Lysiopetalum* mit Spinndrüsen, die am Hinterende münden und zur Herstellung von Häutungs- und Eigespinsten dienen. – *Spirostreptus* Brandt, bis 30 cm lang.

– Bandförmiger Körper Rückenschilder mit Verbreiterungen: °*Polydesmus* Latreille, 1–1½ cm lang.

3. Unterklasse: *Pauropoda*[1]), Wenigfüßler. 60 Arten. Höchstens 1½ mm lang. Die Wenigfüßler sind stark reduzierte überaus zarthäutige Tiere mit nur 9–10 Beinpaaren, von denen nie mehr als eines einem Somit zukommt. Das 2. Paar Maxillen fehlt. Die Antennen sind mit 3 Geißeln versehen. Leben lichtscheu unter Steinen, Hölzern und faulendem Laub. Die flinken Tiere nähren sich von Detritus. Nach 4 Larvenstadien werden die Geschlechtsreife und endgültige Beinzahl erreicht. °*Pauropus* Lubb.

4. Unterklasse: *Symphyla*[2]), Zwergfüßler

Abgesehen von der Kleinheit, großen Zartheit und Farblosigkeit, ähneln die Symphyla im Aussehen den Skolopendern. Doch haben einige ihrer Segmente 2 Tergite entwickelt, so daß die Regelmäßigkeit der Gliederung gestört erscheint. Uns interessiert die kleine Gruppe hier nur wegen der Beziehungen ihres Baues zu den *Myriopoda* einerseits und zu den *Insecta* andererseits, die ihr Name ausdrückt, und um derentwillen ihre Ahnenformen als Vorfahren der Insekten gelten müssen. Ihr Kopf ähnelt dem der *Julidae*, trägt wie bei diesen 2gliedrige Oberkiefer, aber viel längere, gegliederte Antennen, die denen mancher Urinsekten gleichen, sowie auf seiner Hinterseite kein Gnathochilarium, sondern 2 nebeneinanderstehende Maxillenpaare. Die Stellung und Form derselben bietet einen Hinweis darauf, wie das Gnathochilarium der *Diplopoda* aus Verschmelzung zweier Maxillenpaare entstanden sein könnte, zumal auch die Mündung der Maxillardrüse sich bei den Diplopoden an entsprechender Stelle befindet, wie ein Vergleich der Abb. 53 zeigt. Im übrigen ähnelt die 1. Maxille durch Ausbildung ladenartiger Fortsätze, die als Galea und Lacinia gelten können, der der Insekten, und das 2. Maxillenpaar, das zu einer Unterlippe verschmolzen ist, gleicht dem Labium der Hexapoden. Besonderes Interessse bieten die Beinhüften. Sie tragen genau wie das 2. und 3. Laufbein des Insektes *Machilis* einen Stylus (Griffel), der sich während der Ontogenese von der Coxa abschnürt und keine Muskulatur besitzt. (Die auf den Hinterleibssterniten der Urinsekten sitzenden Styli dagegen sind mit Muskulatur versehen und als Beinreste anzusehen, was für *Campodea* auch embryologisch nachgewiesen worden ist.) Fer-

[1]) pauros = gering an Zahl. [2]) sym = übereinstimmend, phyle = Stamm.

ner liegen median der Hüften auf den Sterna Ventralsäckchen, scheibenförmige Membranen, die von einem steiferen Rahmen umschlossen werden und blasenartig nach außen vorgestülpt werden können. Sie entwickeln sich nicht aus Gliedmaßenanlagen, vermögen Flüssigkeit aus der Umgebung aufzunehmen und dienen gleichzeitig der Wahrnehmung der Luftfeuchtigkeit. Interessanterweise finden wir ganz ähnliche Organe bei den niedersten Insekten. Das letzte Segment trägt 1 Paar Cerci (Schwanzfortsätze), die sich aus Extremitätenanlagen herleiten und die Mündung einer Spinndrüse enthalten. Solche Cerci treten ebenfalls bei Insekten häufig auf. Auch Eigentümlichkeiten der Ontogenese verbinden beide Gruppen. Dagegen scheidet sie, wie S. 80 schon geschildert, die Lage der Geschlechtsöffnung.

Die 40 Arten leben in Spalten des Erdbodens und sind in höchstem Maße auf die sehr feuchte Luft derselben angewiesen. Sie fressen weichhäutige und vermoderte Pflanzenteile, einige sind Schädlinge in Gewächshäusern z.B. an Tomaten geworden. Sie werden höchstens 1 cm lang.

°*Scolopendrella immaculata* Newport, 4,5–8 mm lang, mit 14 Beinpaaren. Schlüpft mit 7 Laufbeinpaaren und entwickelt sich unter Erwerb weiterer Segmente in einem Jahr zur Geschlechtsreife, um dann weitere 6 Jahre zu leben.

LITERATUR

Ausführliche Zusammenfassungen:

Bronns Klassen und Ordnungen des Tierreichs. Akademische Verlagsanstalt, Leipzig. 5. Band:
1. Abt.: Gerstäcker: Poecilopoda (Xiphosura), 1879.
2. Abt.: Verhoeff: Myriopoda, 1902–1934.
4. Abt.: Helfer und Schlottke: Pantopoda, 1935.
Roewer: Solifugae, Palpigradi, 1934. Cheloneti, 1940.
Vitzthum: Acarina, 1943.
Werner: Scorpiones, Pedipalpi, 1935.

Grassé, Pierre-P.: Traité de Zoologie. Tome 6: Onychophores, Tardigrades, Trilobitomorphes, Chélicerates. Paris 1949. Masson & Cie.

Kükenthal und Krumbach: Handbuch der Zoologie. W. de Gruyter, Berlin.
3. Band, 2. Hälfte:
Beier: Pseudoscorpiones, 1932.
Gerhardt: Merostoma, 1935.
Gerhardt und Kaestner: Araneae, 1937.
Helfer: Pantopoda, 1932.
Kaestner: Arachnida, Scorpiones, 1940. Pedipalpi, Palpigradi, Ricinulei, 1932. Solifugae, 1933. Opiliones, 1935.
Vitzthum: Acari, 1931.
4. Band:
Attems: Myriopoda, 1926.

Wichtige neue Ergänzungen dazu bringen:

Atanasiu-Dumitrescu: Contribution à l'étude anatomique et cytologique de l'appareil séricigène des araignées. Anales Acad. Romane. Ser. 3., Bd. 16 und 17. Bukarest 1941.

Bristowe: The comity of Spiders. 2 Bde. Ray Society, London 1939/1941.

Cloudsley-Thompson, J. L.: On the responses to environmental stimuli, and the sensory physiology of millipedes (Diplopoda). Proceedings of the Zoological Society of London. Vol. 121, Part. II, August 1951.

Crane: Comparative Biology of Salticid Spiders at Rancho Grande, Venezuela. Part IV. Zoologica New York. Bd. 34, 1949.

Crome: Die Respirations- und Circulationsorgane der Argyroneta aquatica Cl. Wiss. Zeitschr. d. Humboldt-Univ. Berlin. Jg. 2, 1953.

Fahlander: Beiträge zur Anatomie und systematischen Einteilung der Chilopoda. Zoologiska Bidrag fran Uppsala. Bd. 17, 1938.

Gilbert: Observations on the feeding of some British false scorpions. Proceedings of the Zool. Society of London. Vol. 121, 1951.

Hackmann: Chromosomenstudien an Araneen mit besonderer Berücksichtigung der Geschlechtschromosomen. Acta Zoologica Fennica, Bd. 54, 1948.

Hickmann: On some new australian Apneumonomorphae with notes on their respiratory system. Papers and Proceed. Royal Society of Tasmania 1943.

Holm: Experimentelle Untersuchungen über die Entwicklung und Entwicklungsphysiologie der Spinnenembryonen. Zoologiska Bidrag fran Uppsala. Bd. 29, 1952.

von Holst: Über das Laufen der Hundertfüßer. Zool. Jahrb., Abt. Allgem. Zool., Bd. 54, 1934.

Homann: Über das Wachstum und die mechanischen Vorgänge bei der Häutung von Tegenaria agrestis. Zschr. f. vgl. Physiologie. Bd. 31, 1949.

Homann: Die Nebenaugen der Araneen. 1. u. 2. Teil. Zoolog. Jahrb., Abt. Anatomie, Bd. 71 u. 72. 1950 u. 1952.

Kaestner: Zur Entwicklungsgeschichte von Thelyphonus caudatus L. 1. bis 3. Teil. Ebenda Bd. 69–71. 1948–1950.

Kaestner: Reaktion der Hüpfspinnen auf unbewegte farblose und farbige Gesichtsreize. Zool. Beiträge, Bd. 1. Berlin 1950 u. Naturwiss. Jg. 36.

Kaestner: Die Mundwerkzeuge der Spinnen, ihr Bau, ihre Funktion und ihre Bedeutung für das System. 1. u. 2. Teil: Zool. Jahrb., Abt. Anatomie. Bd. 72 u. 73, 1952–1953. 3. Teil: Mitteil. Zool. Mus. Berlin. Bd. 29. 1953.

Machado: Ochyroceratidae de l'Angola. Museo do Dundo Servicos culturais Compania de Diamantes de Angola. Lisboa 1951.

Millot:: L'appareil génital des Pedipalpes. Verhandlungen des 7. Internationalen Kongresses für Entomologie. Bd. 2. Berlin 1939.

Millot: Sur l'anatomie et histophysiologie de Koenenia mirabilis Grassi. Revue française d'Entomologie, Bd. 9. Paris 1942–1943.

Millot: L'anatomie interne des Ricinulei. Annales des sciences naturelles. Ser. 11, Bd. 7. Paris 1945.

Pabst: Zur Biologie der mitteleuropäischen Troguliden. Zool. Jahrb., Abt. System. Bd. 82. 1953.

Petrunkevitch: A Study of Palaeozoic Arachnida. Transactions of Connecticut Academy of Arts and Sciences. Vol. 37. 1949.

Schubart: Tausendfüßler in: Tierwelt Deutschlands, herausgegeben von F. Dahl. Jena, G. Fischer 1934.

Störmer: On the relationships and phylogeny of fossil and recent Arachnomorpha. Skrift. norske Videnskab-Akad. Oslo 1944. (Darin auch Trilobiten und Merostoma behandelt.)

Tiegs: The embryology and affinities of the Symphyla, based on a study of Hanseniella agilis. Quarterly Journal of microscopical science, Bd. 82. London 1940.

Tiegs: The postembryonic development of Hanseniella agilis. Ebenda. Bd. 85. 1945.

Tiegs: The development and affinities of the Pauropoda, based on a study of Pauropus silvaticus. Ebenda. Bd. 88. 1947.

Tilquin: La toile géometrique des araignées. Paris 1942.

Weigel: Färbung und Farbwechsel der Krabbenspinne Misumena vatia L. Zschr. f. vgl. Physiol. Bd. 29. 1941.

NAMENREGISTER

Folgende Fachausdrücke sind im Text auf den angegebenen Seiten sachlich und ethymologisch erklärt.

GESAMTVERZEICHNIS

SAMMLUNG GÖSCHEN

DAS WISSEN DER WELT IN KURZEN, KLAREN, ALLGEMEINVERSTÄNDLICHEN EINZELDARSTELLUNGEN NACH DEN LEHRPLÄNEN DER DEUTSCHEN UNIVERSITÄTEN UND HOCHSCHULEN AUFGEBAUT

JEDER BAND DM 2,40
DOPPELBAND DM 4,80

STAND NOVEMBER 1954

WALTER DE GRUYTER & CO.
BERLIN W 35

INHALTSVERZEICHNIS

Geisteswissenschaften

Philosophie · Pädagogik · Psychologie · Soziologie

Einführung in die Philosophie von ***H. Leisegang.*** 2. Auflage. 145 Seiten. 1953 . . . . Bd. 281

Erkenntnistheorie von *G. Kropp.* 1. Teil: Allgemeine Grundlegung. 143 Seiten. 1950 . . . . Bd. 807

Hauptprobleme der Philosophie von *G. Simmel*†. 7., unveränd. Auflage. 177 Seiten. 1950 . . . . Bd. 500

Geschichte der Philosophie

I: Die griechische Philosophie von *W. Capelle.* 1. Teil. Von Thales bis Leukippos. 2., erweiterte Auflage. 135 Seiten. 1953 . . . . Bd. 857

II: Die griechische Philosophie von *W. Capelle.* 2. Teil. Von der Sophistik bis zum Tode Platons. 2., stark erweiterte Auflage. 144 Seiten. 1953 . . . . Bd. 858

III: Die griechische Philosophie von *W. Capelle.* 3. Teil. Vom Tode Platons bis zur Alten Stoa. 2., stark erweiterte Auflage. 132 Seiten. 1954 . . . . Bd. 859

IV: Die griechische Philosophie von *W. Capelle.* 4. Teil. Von der Alten Stoa bis zum Eklektizismus im 1. Jahrhundert v. Chr. 2., stark erweiterte Auflage. 132 Seiten. 1954 . . . . Bd. 863

V: Die Philosophie des Mittelalters von *J. Koch.* In Vorbereitung . . . . Bd. 826

VI: Von der Renaissance bis Kant von *K. Schilling.* 234 Seiten. 1954 . . . . Bd. 394/394a

VII: Immanuel Kant von *G. Lehmann.* In Vorbereitung . Bd. 536

VIII: Die Philosophie des 19. Jahrhunderts von *G. Lehmann.* 1. Teil. 151 Seiten. 1953 . . . . Bd. 571

IX: Die Philosophie des 19. Jahrhunderts von *G. Lehmann.* 2. Teil. 168 Seiten. 1953 . . . . Bd. 709

X: Die Philosophie im ersten Drittel des 20. Jahrhunderts von *G. Lehmann.* In Vorbereitung . . . . . Bd. 845

Die geistige Situation der Zeit (1931) von *K. Jaspers.* 3., unveränderter Abdruck der 1932 bearbeiteten 5. Auflage. 211 Seiten. 1953 . . . . Bd. 1000

Philosophisches Wörterbuch von *M. Apel* †. 4., unveränderte Auflage. 260 Seiten. 1953 . . . . Bd. 1031

Geschichte der Pädagogik von *H. Weimer.* 11., neubearbeitete und vermehrte Auflage. 176 Seiten. 1954 . . . . Bd. 145

Therapeutische Psychologie. Freud — Adler — Jung von *W. M. Kranefeldt.* Mit einer Einführung von *C. G. Jung.* 2. Auflage. 152 Seiten. 1950 . . . . Bd. 1034

Soziologie. Geschichte und Hauptprobleme von *L. von Wiese.* 5. Auflage. 162 Seiten. 1954 . . . . Bd. 101

Religionswissenschaften

Jesus von *M. Dibelius* †. 2. Auflage. Unveränderter Nachdruck. 137 Seiten. 1949 . . . . Bd. 1130

Paulus von *M. Dibelius* †. Nach dem Tode des Verfassers herausgegeben und zu Ende geführt von *W. G. Kümmel.* 155 Seiten. 1951 . . . . Bd. 1106

Musik

Musikästhetik von *H. J. Moser.* 180 Seiten. 1953 . . . . Bd. 344

Systematische Modulation von *R. Hernried.* 2. Auflage. 136 Seiten. 1950 . . . . Bd. 1094

Der polyphone Satz von *E. Pepping.* 1. Teil: Der cantus-firmus-Satz. 2. Auflage. 223 Seiten. 1950 . . . . Bd. 1148

Harmonielehre von *H. J. Moser.*
I: 112 Seiten. 1954 . . . . Bd. 809
II: In Vorbereitung . . . . Bd. 810

Technik der deutschen Gesangskunst von *H. J. Moser.* Dritte, durchges. u. verbesserte Auflage. 144 Seiten mit 5 Fig. 1954 . . . . Bd. 576/576a

Die Kunst des Dirigierens von *H. W. von Waltershausen.* 2. Auflage. 138 Seiten. 1954 . . . . Bd. 1147

Die Technik des Klavierspiels aus dem Geiste des musikalischen Kunstwerkes von *K. Schubert* †. 3. Auflage. 110 Seiten. 1954 . . . . Bd. 1045

Die Musik des 19. Jahrhunderts von *W. Oehlmann.* 180 Seiten. 1953 . . . . Bd. 170

Allgemeine Musiklehre von *H. J. Moser.*
2., durchges. Auflage. 155 Seiten. 1955. . . . . . . Bd. 220/220a

Kunst

Stilkunde von *H. Weigert.*
I: Vorzeit, Antike, Mittelalter. 2. Auflage. 136 Seiten. Mit 94 Abbildungen. 1954 . . . . Bd. 80
II: Spätmittelalter und Neuzeit. 2. Auflage. 146 Seiten. Mit 84 Abbildungen. 1954 . . . . Bd. 781

Geschichte

Einführung in die Geschichtswissenschaft von *P. Kirn.* 2. Auflage. 121 Seiten. 1952 . . . . Bd. 270

Archäologie von *A. Rumpf.*
I: Einleitung, historischer Überblick. 143 Seiten mit 6 Abbildungen im Text und 12 Tafeln. 1953 . . . . . Bd. 538
II: In Vorbereitung . . . . Bd. 539

Kultur der Urzeit von *F. Behn.* 4. Auflage der „Kultur der Urzeit". Band I–III von *M. Hoernes.*
I: Die vormetallischen Kulturen. (Die Steinzeiten Europas. Gleichartige Kulturen in anderen Erdteilen). 172 Seiten mit 48 Abbildungen. 1950 . . . . Bd. 564
II: Die älteren Metallkulturen. (Der Beginn der Metallbenutzung. Kupfer- und Bronzezeit in Europa, im Orient und in Amerika). 160 Seiten mit 67 Abbildungen. 1950 Bd. 565
III: Die jüngeren Metallkulturen. (Das Eisen als Kulturmetall. Hallstatt-Latène-Kultur in Europa. Das erste Auftreten des Eisens in den anderen Erdteilen). 149 Seiten mit 60 Abbildungen. 1950. . . . . Bd. 566

Vorgeschichte Europas von *F. Behn.* Völlig neue Bearbeitung der 7. Auflage der „Urgeschichte der Menschheit" von *M. Hoernes.* 125 Seiten mit 47 Abbildungen. 1949 . . . Bd. 42

Von den Karolingern zu den Staufern von *J. Haller.* Die altdeutsche Kaiserzeit (900–1250). 3. Auflage. 141 Seiten mit 4 Karten. 1944 . . . . Bd. 1065

Deutsche Geschichte im Zeitalter der Reformation, der Gegenreformation und des 30jährigen Krieges von *F. Hartung.* 129 Seiten. 1951 . . . . Bd. 1105

Quellenkunde der deutschen Geschichte im Mittelalter von *K. Jacob*† (bis zur Mitte des 15. Jahrhunderts).

I: Einleitung, Allgemeiner Teil. Die Zeit der Karolinger. 5. Auflage. 118 Seiten. 1949 . . . . Bd. 279

II: Die Kaiserzeit (911 – 1250). 4. Auflage. 127 Seiten. 1949 . . . . Bd. 280

III: Das Spätmittelalter (vom Interregnum bis 1500). Unter Verwendung der Hinterlassenschaft herausgegeben von *F. Weden.* 152 Seiten. 1952 . . . . Bd. 284

Badische Geschichte von A. Krieger. 137 Seiten. 1921 . . . . Bd. 230

Geschichte Englands von *H. Preller.*

I: bis 1815. 3., stark umgearbeitete Auflage. 135 Seiten mit 7 Stammtafeln und 2 Karten im Text. 1952 . . . . Bd. 375

II: von 1815 bis 1910. 2., völlig umgearb. Auflage. 118 S. mit 1 Stammtafel und 7 Karten im Text. 1954 . . . Bd. 1088

Thüringische Geschichte von *E. Devrient.* 2. Auflage. 136 Seiten. 1921. . . . . Bd. 352

Deutsche Sprache und Literatur

Deutsches Rechtschreibungswörterbuch von *M. Gottschald.* 2., verbesserte Auflage. 269 Seiten. 1953 . . . . Bd. 200/200a

Deutsche Wortkunde von *A. Schirmer.* Eine kulturgeschichtliche Betrachtung des deutschen Wortschatzes. 3., durchgesehene Auflage. 109 Seiten. 1949 . . . . Bd. 929

Deutsche Sprachlehre von *W. Hofstaetter.* 9., neubearbeitete Auflage von *G. Spree.* 144 Seiten. 1953 . . . . Bd. 20

Redetechnik von *H. Biehle.* Einführung in die Rhetorik. 115 Seiten. 1954 . . . . Bd. 61

Sprechen und Sprachpflege von *H. Feist.* (Die Kunst des Sprechens). 2., verbesserte Auflage. 99 Seiten mit 25 Abbildungen. 1952 . . . . Bd. 1122

Deutsches Dichten und Denken von der germanischen bis zur staufischen Zeit von *H. Naumann.* (Deutsche Literaturgeschichte vom 5.–13. Jahrhundert). 2., verbesserte Auflage. 166 Seiten. 1952 . . . . Bd. 1121

Deutsches Dichten und Denken vom Mittelalter zur Neuzeit von *G. Müller* (1270–1700). 2., durchgesehene Auflage. 159 Seiten. 1949 . . . . Bd. 1086

Deutsches Dichten und Denken von der Aufklärung bis zum Realismus von *K. Viëtor* (Deutsche Literaturgeschichte von 1700–1890). 2., durchgesehene Auflage. 156 Seiten. 1949 . . . . Bd. 1096

Der Nibelunge Nôt in Auswahl mit kurzem Wörterbuch von *K. Langosch.* 9., umgearbeitete Auflage. 164 Seiten. 1953 . . . . Bd. 1

Die deutschen Personennamen von *M. Gottschald.* 2., verbesserte Auflage. 151 Seiten. 1955 . . . . Bd. 422

Indogermanisch · Germanisch

Gotisches Elementarbuch von *H. Hempel.* Grammatik, Texte mit Übersetzung und Erläuterungen. 2., umgearbeitete Auflage. 165 Seiten. 1953 . . . . Bd. 79

Indogermanische Sprachwissenschaft von *H. Krahe.* 2. Auflage. 134 Seiten. 1948 . . . . Bd. 59

Germanische Sprachwissenschaft von *H. Krahe.* 2. Auflage.
II: Formenlehre. 140 Seiten. 1948 . . . . Bd. 780

Althochdeutsches Elementarbuch von *H. Naumann* † und *W. Betz.* 2. Auflage. 156 Seiten. 1954 . . . . Bd. 1111

Altnordisches Elementarbuch von *F. Ranke.* Schrifttum, Sprache, Texte mit Übersetzung und Wörterbuch. 2., durchgesehene Auflage. 146 Seiten. 1949 . . . . . Bd. 1115

Englisch · Französisch · Italienisch

Altenglisches Elementarbuch von *M. Lehnert.* Einführung, Grammatik, Texte mit Übersetzung und Wörterbuch. 2., verbesserte und vermehrte Aufl. 176 Seiten. 1950 . Bd. 1125

Beowulf von *M. Lehnert.* Eine Auswahl mit Einführung, teilweiser Übersetzung, Anmerkungen und etymologischem Wörterbuch. 2., verbesserte Auflage. 135 Seiten. 1949 Bd. 1135

Englische Literaturgeschichte.
I: Die alt- und mittelenglische Periode von *F. Schubel.* 163 Seiten. 1954 . . . . Bd. 1114
II: Von der Renaissance bis zur Aufklärung von *Paul Meissner*†. 139 Seiten. 1937 . . . . Bd. 1116
III: Romantik und Viktorianismus von *Paul Meissner*†. 150 Seiten. 1938 . . . . Bd. 1124
IV: Das 20. Jahrhundert von *Paul Meissner*†. 150 Seiten. 1939 . . . . Bd. 1136

Italienische Literaturgeschichte von *K. Vossler.* Unveränderter Nachdruck der 1927 erschienenen 4., durchgesehenen und verbesserten Auflage. 148 Seiten. 1948 . . . . Bd. 125

Shakespeare von *P. Meissner*†. 2. Auflage, neubearbeitet von M. Lehnert. 136 Seiten. 1954 . . . . Bd. 1142

Griechisch · Lateinisch

Griechische Sprachwissenschaft von *W. Brandenstein.*
I: Einleitung, Lautsystem, Etymologie. 160 Seiten. 1954 Bd. 117

Geschichte der griechischen Sprache
I: Bis zum Ausgang der klassischen Zeit. Von *O. Hoffmann*†. 3., umgearbeitete Auflage von *A. Debrunner.* 156 Seiten. 1954 . . . . Bd. 111
II: Grundfragen und Grundzüge d. nachklass. Griechisch. Von *A. Debrunner.* 144 Seiten. 1954 . . . . Bd. 114

Geschichte der griechischen Literatur von *W. Nestle.* 2., verbesserte Auflage.
I: Von den Anfängen bis auf Alexander d. Gr. 148 Seiten. 1950 . . . . Bd. 70
II: Von Alexander d. Gr. bis zum Ausgang der Antike. 128 Seiten. 1948 . . . . Bd. 557

Geschichte der lateinischen Sprache von *F. Stolz* †. 3., stark umgearbeitete Auflage von *A. Debrunner*. 136 Seiten. 1953 . . . . Bd. 492

Hebräisch · Sanskrit · Russisch

Hebräische Grammatik von *G. Beer* †. 2., völlig neubearbeitete Auflage von *R. Meyer*.

I: Schrift-, Laut- und Formenlehre I. 157 Seiten. 1952. Bd. 763/763a

II: Schrift-, Laut- und Formenlehre II. 1954. In Vorbereitung . . . . Bd. 764/764a

Sanskrit-Grammatik von *M. Mayrhofer*. 89 Seiten. 1953 . . . Bd. 1158

Russische Grammatik von *G. Berneker*. 6., unveränderte Auflage von *M. Vasmer*. 155 Seiten. 1947 . . . . Bd. 66

Erd- und Länderkunde

Afrika von *F. Jaeger*. Ein geographischer Überblick. 2., umgearbeitete Auflage.

I: Der Lebensraum. 179 Seiten mit 18 Abbildungen. 1954 Bd. 910

II: Mensch und Kultur. 155 Seiten mit 6 Abbildungen. 1954 Bd. 911

Australien und Ozeanien von *H. J. Krug*. 176 Seiten mit 46 Skizzen. 1953 . . . . Bd. 319

Kartenkunde von *M. Eckert-Greifendorff* †. 3., durchgesehene Auflage von *W. Kleffner*. 149 Seiten mit 63 Abb. 1950 Bd. 30

Volkswirtschaft · Publizistik

Allgemeine Betriebswirtschaftslehre von *K. Mellerowicz*. 8., unveränderte Auflage.

I: 142 Seiten. 1954 . . . . Bd. 1008

II: 112 Seiten. 1954 . . . . Bd. 1153

III: 143 Seiten. 1954 . . . . Bd. 1154

Zeitungslehre von *E. Dovifat*. 3., neubearbeitete Auflage. 1955. 2 Bände. In Vorbereitung . . . . Bd. 1039/1040

Naturwissenschaften

Mathematik

Geschichte der Mathematik von *J. E. Hofmann.*
I: Von den Anfängen bis zum Auftreten von Fermat und Descartes. 200 Seiten. 1953 . . . . Bd. 226

Mathematische Formelsammlung von *F. Ringleb.* Vollständig umgearbeitete Neuausgabe des Werkes von *O. Th. Bürklen.* 5., verbesserte Auflage. 274 Seiten mit 57 Figuren. 1949 . . . . Bd. 51

Fünfstellige Logarithmen von *A. Adler.* Mit mehreren graphischen Rechentafeln und häufig vorkommenden Zahlwerten. 2. Auflage. Neudruck. 127 Seiten mit 1 Tafel. 1949 . . . . Bd. 423

Höhere Algebra von *H. Hasse.* 3., verbesserte Auflage.
I: Lineare Gleichungen. 152 Seiten. 1951 . . . . Bd. 931
II: Gleichungen höheren Grades. 158 Seiten mit 5 Figuren. 1951 . . . . Bd. 932

Aufgabensammlung zur höheren Algebra von *H. Hasse* und *W. Klobe.* 2., verbesserte und vermehrte Auflage. 181 Seiten. 1952 . . . . Bd. 1082

Elementare und klassische Algebra vom modernen Standpunkt von *W. Krull.* 2., erweiterte Auflage.
I: 136 Seiten. 1952 . . . . Bd. 930

Einführung in die Zahlentheorie von *A. Scholz†.* Überarbeitet von *B. Schoeneberg.* 1955. In Vorbereitung . . . . . Bd. 1131

Gruppentheorie von *L. Baumgartner.* 2. Auflage. 115 Seiten mit 6 Figuren. 1949 . . . . Bd. 837

Funktionentheorie von *K. Knopp.* 7. Auflage.
I: Grundlagen der allgemeinen Theorie der analytischen Funktionen. 139 Seiten. Nachdruck 1954 . . . . . . Bd. 668
II: Anwendungen und Weiterführung der allgemeinen Theorie. 130 Seiten. Nachdruck 1954 . . . . Bd. 703

Aufgabensammlung zur Funktionentheorie von *K. Knopp.* 4. Auflage.
I: Aufgaben zur elementaren Funktionentheorie. 135 Seiten. 1949 . . . . Bd. 877
II: Aufgaben zur höheren Funktionentheorie. 151 Seiten. 1949 . . . . Bd. 878

Elemente der Funktionentheorie von *K. Knopp.* 3. Auflage. 144 Seiten. Nachdruck 1954 . . . . Bd. 1109

Differentialrechnung von *A. Witting†.* 3., neubearbeitete Auflage. Durchgesehener Neudruck. 201 Seiten mit 95 Figuren und 200 Beispielen. 1949 . . . . Bd. 87

Repetitorium und Aufgabensammlung zur Differentialrechnung von *A. Witting*†. 2., neubearbeitete Auflage. Durchgesehener Neudruck. 145 Seiten. 1949 . . . . Bd. 146

Integralrechnung von *A. Witting*†. 2., verbesserte Auflage. Durchgesehener Neudruck. 176 Seiten mit 62 Figuren und 190 Beispielen . . . . Bd. 88

Repetitorium und Aufgabensammlung zur Integralrechnung von *A. Witting*†. 2., neubearbeitete Auflage. Durchgesehener Neudruck. 121 Seiten mit 32 Figuren und 309 Beispielen. 1949. . . . . Bd. 147

Gewöhnliche Differentialgleichungen von *G. Hoheisel*. 4., neubearbeitete Auflage. 129 Seiten. 1951 . . . . Bd. 920

Partielle Differentialgleichungen von *G. Hoheisel*. 3., neubearbeitete Auflage. Etwa 130 Seiten. 1954 . . . . . Bd. 1003

Aufgabensammlung zu den gewöhnlichen und partiellen Differentialgleichungen von *G. Hoheisel*. 2., umgearbeitete Auflage. 124 Seiten. 1952 . . . . Bd. 1059

Darstellende Geometrie von *W. Haack*.

I: Die wichtigsten Darstellungsmethoden. Grund- und Aufriß ebenmäßiger Körper. 106 Seiten mit 117 Abbildungen. 1954 . . . . Bd. 142

II: Körper mit krummen Begrenzungsflächen. Kotierte Projektionen. 129 Seiten mit 86 Abbildungen. 1954 . . Bd. 143

Sammlung von Aufgaben und Beispielen zur analytischen Geometrie der Ebene von *R. Haussner*. Mit den vollständigen Lösungen. 139 Seiten mit 22 Figuren im Text. Neudruck. 1949 . . . . Bd. 256

Nichteuklidische Geometrie von *R. Baldus*†. Hyperbolische Geometrie der Ebene. 3., verbesserte Auflage, durchgesehen und herausgegeben von *F. Löbell*. 140 Seiten mit 70 Figuren im Text. 1954 . . . . Bd. 970

Differentialgeometrie von *K. Strubecker* (früher Rothe). 2 Bände. In Vorbereitung . . . . Bd. 1113

Einführung in die konforme Abbildung von *L. Bieberbach*. 4. Auflage. 147 Seiten mit 42 Zeichnungen. 1949 . . . Bd. 768

Vektoranalysis von *S. Valentiner*. Neudruck der 7. Auflage (1950). 138 Seiten mit 19 Figuren. 1954 . . . . Bd. 354

Vermessungskunde von *P. Werkmeister*.

I: Stückmessung und Nivellieren. 9. Auflage. 165 Seiten mit 145 Figuren. 1949 . . . . Bd. 468

II: Messung von Horizontalwinkeln. Festlegung von Punkten im Koordinatensystem. Absteckungen. 7. Auflage. 151 Seiten mit 93 Figuren. 1949 . . . . Bd. 469

III: Trigonometrische und barometrische Höhenmessung. Tachymetrie und Topographie. 6. Auflage. 147 Seiten mit 64 Figuren. 1949 . . . . Bd. 862

Versicherungsmathematik von *F. Böhm*.

I: Elemente der Versicherungsrechnung. 3., vermehrte und verbesserte Auflage. Durchgesehener Neudruck. 151 Seiten. 1954. . . . . Bd. 180

II: Lebensversicherungsmathematik. Einführung in die technischen Grundlagen der Sozialversicherung. 2., verbesserte Auflage. 205 Seiten. 1953 . . . . Bd. 917/917a

Physik

Einführung in die theoretische Physik von *W. Döring*
I: Mechanik. 119 Seiten mit 29 Abbildungen. 1954 . . . Bd. 76
II: Theorie des elektromagnetischen Feldes. In Vorbereitg. Bd. 77

Atomphysik von *K. Bechert* und *Ch. Gerthsen*. 3., umgearb. Auflage.
I und II: 1955. In Vorbereitung . . . . Bd. 1009/1033
III: Theorie des Atombaus. 1. Teil von *K. Bechert*. 148 Seit. mit 16 Abbildungen. 1954 . . . . Bd. 1123/1123a
IV: Theorie des Atombaus. 2. Teil von *K. Bechert*. 170 Seiten mit 14 Abbildungen. 1954 . . . . Bd. 1165/1165a

Differentialgleichungen der Physik von *F. Sauter*. 2. Auflage. 148 Seiten mit 16 Figuren. 1950 . . . . Bd. 1070

Physikalische Formelsammlung von *G. Mahler* und *K. Mahler*. 8., verbesserte Auflage. 153 Seiten mit 69 Figuren. 1950 Bd. 136

Physikalische Aufgabensammlung von *G. Mahler* und *K. Mahler*. Mit den Ergebnissen. 8. Auflage. 1955. In Vorbereitung . . . . Bd. 243

Chemie

Geschichte der Chemie von *G. Lockemann*. In kurzgefaßter Darstellung
I: Vom Altertum bis zur Entdeckung des Sauerstoffs. 142 Seiten mit 8 Bildnissen. 1950 . . . . Bd. 264
II: Von der Entdeckung des Sauerstoffs bis zur Gegenwart. In Vorbereitung . . . . Bd. 265

Anorganische Chemie von *W. Klemm*. 8. Auflage. 184 Seiten mit 18 Abbildungen. 1954 . . . . Bd. 37

Organische Chemie von *W. Schlenk*. 6., erweiterte Auflage. 263 Seiten. 1954 . . . . Bd. 38/38a

Allgemeine und physikalische Chemie von *W. Schulze*.
I: 1955. In Vorbereitung . . . . Bd. 71
II: 3., durchgesehene Auflage. 160 Seiten mit 36 Fig. 1949. Bd. 698
III: Molekülbau. 1955. In Vorbereitung . . . . Bd. 786

Analytische Chemie von *J. Hoppe*. 5., verbesserte Auflage.
I: Reaktionen. 135 Seiten. 1950 . . . . Bd. 247
II: Gang der qualitativen Analyse. 166 Seiten. 1950 . . . Bd. 248

Maßanalyse von *G. Jander* und *K. F. Jahr*. Theorie und Praxis der klassischen und der elektrochemischen Titrierverfahren. 6. Auflage.
I: 140 Seiten mit 18 Figuren. 1952 . . . . Bd. 221
II: 139 Seiten mit 24 Figuren. 1952 . . . . Bd. 1002

Thermochemie von *W. A. Roth*. 2., verbesserte Auflage. 109 Seiten mit 16 Figuren. 1952 . . . . Bd. 1057

Physikalisch-chemische Rechenaufgaben von *E. Asmus*. 2. Auflage. 96 Seiten. 1949 . . . . Bd. 445

Stöchiometrische Aufgabensammlung von *W. Bahrdt* und *R. Scheer*. Mit den Ergebnissen. 5., verbesserte Auflage. 120 Seiten. 1952 . . . . Bd. 452

Elektrochemie und ihre physikalisch-chemischen Grundlagen von *A. Dassler*.
I: 149 Seiten mit 21 Abbildungen. 1950 . . . . Bd. 252
II: 178 Seiten mit 17 Abbildungen. 1950 . . . . Bd. 253

Technologie

Warenkunde von *K. Hassak*† und *E. Beutel*†. 7. Auflage. Neubearbeitet von *A. Kutzelnigg*.
I: Anorganische Waren sowie Kohle und Erdöl. 116 Seiten mit 19 Figuren. 1947 . . . . Bd. 222
II: Organische Waren. 143 Seiten mit 32 Figuren. 1949 . . Bd. 222

Die Fette und Öle von *K. Braun*†. 5., völlig neubearbeitete und verbesserte Auflage von *Th. Klug*. 145 Seiten. 1950 . . Bd. 335
Die Seifenfabrikation von *K. Braun*†. 3., neubearbeitete und verbesserte Auflage von *Th. Klug*. 116 Seiten mit 18 Abbildungen. 1953 . . . . Bd. 336

Textilindustrie von *A. Blümcke*.
I: Spinnerei und Zwirnerei. 112 Seiten mit 43 Abbildungen. 1954. . . . . Bd. 184

Biologie

Hormone von *G. Koller*. 2., neubearbeitete und erweiterte Auflage. 187 Seiten mit 60 Abbildungen und 19 Tabellen. 1949 . . . . Bd. 1141
Fortpflanzung im Tier- und Pflanzenreich von *J. Hämmerling*. 2., ergänzte Auflage. 135 Seiten mit 101 Abbildungen. 1951 . . . . Bd. 1138
Geschlecht und Geschlechtsbestimmung im Tier- und Pflanzenreich von *M. Hartmann*. 2., verbesserte Auflage. 116 Seiten mit 61 Abbildungen und 7 Tabellen. 1951 . Bd. 1127

Grundriß der allgemeinen Mikrobiologie von *W. Schwartz*
I: 104 Seiten mit 17 Abbildungen. 1949 . . . . Bd. 1155
II: 93 Seiten mit 12 Abbildungen. 1949 . . . . Bd. 1157

Symbiose der Tiere mit pflanzlichen Mikroorganismen von *P. Buchner*. 2., verbesserte und vermehrte Auflage. 130 Seiten mit 121 Abbildungen. 1949 . . . . Bd. 1128

Botanik

Entwicklungsgeschichte desPflanzenreiches von *H. Heil*. 2. Auflage. 138 Seiten mit 94 Abbildungen und 1 Tabelle. 1950 Bd. 1137
Morphologie der Pflanzen von *L. Geitler*. 3. Auflage. 126 Seiten mit 114 Abbildungen. 1954 . . . . Bd. 141
Pflanzenzüchtung von *H. Kuckuck*. 3., völlig umgearbeitete Auflage.
I: Grundzüge der Pflanzenzüchtung. 132 Seiten mit 22 Abbildungen. 1952 . . . . Bd. 1134

Die Laubhölzer von *F. W. Neger*† und *E. Münch*†. Kurzgefaßte Beschreibung der in Mitteleuropa gedeihenden Laubbäume und Sträucher. 3., durchgesehene Auflage, herausgegeben von *B. Huber*. 143 Seiten mit 63 Figuren und 7 Tabellen. 1950 . . . . Bd. 718
Die Nadelhölzer (Koniferen) und übrigen Gymnospermen von *F. W. Neger*† und *E. Münch*†. 4. Auflage. Durchgesehen und ergänzt von *B. Huber*. 140 Seiten mit 75 Figuren, 4 Tabellen und 3 Karten. 1952 . . . . Bd. 355

Zoologie

Entwicklungsphysiologie der Tiere von *F. Seidel.*
I: Ei und Furchung. 126 Seiten mit 29 Abbildungen. 1953 . . . . Bd. 1162
II: Körpergrundgestalt und Organbildung. 159 Seiten mit 42 Abbildungen. 1953 . . . . Bd. 1163

Das Tierreich.
Fische von *D. Lüdemann.* In Vorbereitung . . . . . . Bd. 356
Insekten von *H. von Lengerken.* 128 Seiten mit 58 Abbildungen. 1953 . . . . Bd. 594
Lurche von *K. Herter.* 140 Seiten mit 129 Abbild. 1955 Bd. 847
Spinnentiere von *A. Kaestner.* 96 S. mit 55 Abb. 1955. Bd. 1161
Würmer von *S. Jaeckel.* 112 Seiten mit 36 Abbild. 1954 Bd. 439
Weichtiere von *S. Jaeckel.* 92 Seiten mit 34 Abbildungen. 1955 . . . . Bd. 440

Vergleichende Physiologie der Tiere von *K. Herter.* 3. Auflage der „Tierphysiologie".
I: Stoff- und Energiewechsel. 155 Seiten mit 64 Abbild. 1950 . . . . Bd. 972
II: Bewegung und Reizerscheinungen. 148 Seiten mit 110 Abbildungen. 1950 . . . . Bd. 973

Land- und Forstwirtschaft

Landwirtschaftliche Tierzucht von *H. Vogel.* Die Züchtung und Haltung der landwirtschaftlichen Nutztiere. 139 Seiten mit 11 Abbildungen. 1952 . . . . Bd. 228

Kulturtechnische Bodenverbesserungen von *O. Fauser.* 4., neubearbeitete Auflage.
I: Allgemeines, Entwässerung. 122 Seiten mit 47 Abbildungen. 1947 . . . . Bd. 691
II: Bewässerung, Ödlandkultur, Umlegung. 150 Seiten mit 67 Abbildungen. 1949 . . . . Bd. 692

Agrikulturchemie von *K. Scharrer.*
I: Pflanzenernährung. 143 Seiten. 1953 . . . . Bd. 329

Geologie · Mineralogie · Kristallographie

Kristallographie von *W. Bruhns*† und *P. Ramdohr.* 4. Auflage. 106 Seiten mit 163 Abbildungen. 1954 . . . . Bd. 210

Einführung in die Kristalloptik von *E. Buchwald.* 4., verbess. Auflage. 138 Seiten mit 121 Figuren. 1952 . . . . . . Bd. 619

Lötrohrprobierkunde von *M. Henglein.* Mineraldiagnose mit Lötrohr- und Tüpfelreaktion. 3., verbesserte Auflage. 91 Seiten mit 11 Figuren. 1949 . . . . Bd. 483

Mineral- und Erzlagerstättenkunde von *H. Huttenlocher.*
I: 128 Seiten mit 34 Abbildungen. 1954 . . . . Bd. 1014
II: 156 Seiten mit 48 Abbildungen. 1954 . . . . . Bd. 1015/1015a

Mineralogie von *R. Brauns*† und *K. F. Chudoba.* 9. Auflage.
I: Allgemeine Mineralogie. 1955. In Vorbereitung . . . Bd. 29
II: Spezielle Mineralogie. 1955. In Vorbereitung . . . . Bd. 31

Petrographie. Von *W. Bruhns*† und *P. Ramdohr.* 4., durchgesehene Auflage. Mit 10 Abbildungen. 1955. In Vorbereitung . . . . Bd. 173

Geologie von *F. Lotze.* 1955. In Vorbereitung . . . . Bd. 13

Technik

Elektrotechnik

Die Gleichstrommaschine von *K. Humburg.* Durchgesehener Neudruck.
I: 102 Seiten mit 59 Abbildungen. 1949 . . . . Bd. 257
II: 98 Seiten mit 38 Abbildungen. 1949 . . . . Bd. 881

Die synchrone Maschine von *K. Humburg.* Neudruck. 109 Seiten mit 78 Bildern. 1951 . . . . Bd. 1146

Induktionsmaschinen von *F. Unger.* 2., erweiterte Auflage. 142 Seiten mit 49 Abbildungen. 1954 . . . . Bd. 1140

Transformatoren von *W. Schäfer.* 2. Auflage. 128 Seiten mit 74 Abbildungen. 1949 . . . . Bd. 952

Die komplexe Berechnung von Wechselstromschaltungen von *H. H. Meinke.* 160 Seiten mit 114 Abbildungen. 1949 . Bd. 1156

Theoretische Grundlagen zur Berechnung der Schaltgeräte von *F. Kesselring.* 3. Auflage. 144 Seiten mit 92 Abbildungen. 1950 . . . . Bd. 711

Elektromotorische Antriebe (Grundlagen für die Berechnung) von *A. Schwaiger.* 3., neubearbeitete Auflage. 96 Seiten mit 34 Abbildungen. 1952 . . . . Bd. 827

Technische Tabellen und Formeln von *W. Müller.* 4., verbesserte und erweiterte Auflage von *E. Schulze.* 152 Seiten mit 105 Figuren. 1951 . . . . Bd. 579

Überspannungen und Überspannungsschutz von *G. Frühauf.* Durchgesehener Neudruck. 122 Seiten mit 98 Abbildungen. 1950 . . . . Bd. 1132

Maschinenbau

Werkzeugmaschinen von *K. P. Matthes.*
I: 110 Seiten mit 27 Abbildungen, 11 Zahlentafeln im Text und 1 Tafelanhang. 1954 . . . . Bd. 561
II: 1955. In Vorbereitung . . . . Bd. 562

Die Maschinenelemente von *E. A. vom Ende.* 2., verbesserte Auflage. 159 Seiten mit 173 Figuren und 12 Tafeln. 1950 Bd. 3

Das Maschinenzeichnen mit Einführung in das Konstruieren von *W. Tochtermann.* 4. Auflage.
I: Das Maschinenzeichnen. 156 Seiten mit 77 Tafeln. 1950 Bd. 589
II: Ausgeführte Konstruktionsbeispiele. 130 Seiten mit 58 Tafeln. 1950 . . . . Bd. 590

Getriebelehre von *P. Grodzinski.* 2., neubearbeitete Auflage.
I: Geometrische Grundlagen. 159 Seiten mit 142 Figuren. 1953 . . . . Bd. 1061

Gießereitechnik von *H. Jungbluth.*
I: Eisengießerei. 126 Seiten mit 44 Abbildungen. 1951 . . Bd. 1159

Die Dampfkessel und Feuerungen einschließlich Hilfseinrichtungen in Theorie, Konstruktion und Berechnung von *W. Marcard†*. 2. Auflage. Neubearbeitet von *K. Beck*.
I: Die theoretischen Grundlagen. Wärme, Verbrennung, Wärmeübertragung. 150 Seiten mit 42 Abbildungen und 16 Tabellen. 1951 . . . . Bd. 9
II: Dampfkessel. 147 Seiten mit 43 Abbildungen. 1952 . . Bd. 521

Technische Thermodynamik von *W. Nusselt*.
I: Grundlagen. 3., verbesserte Auflage. 144 Seiten mit 71 Abbildungen. 1950 . . . . Bd. 1084
II: Theorie der Wärmekraftmaschinen. Neudruck. 144 Seiten mit 87 Abbildungen und 32 Zahlentafeln. 1951. . Bd. 1151

Autogenes Schweißen und Schneiden von *H. Niese*. 5. Auflage. Neubearbeitet von *A. Küchler*. 136 Seiten mit 71 Figuren. 1954 . . . . Bd. 499

Elektrische Schweißverfahren von *H. Niese*. Herausgegeben von *H. Dienst*. In Vorbereitung . . . . Bd. 1020

Metallkunde. Einführendes über Aufbau, Eigenschaften und Untersuchung von Metallen und Legierungen sowie über Grundlagen des Schmelzens, des Gießens, des Verformens, der Wärmebehandlung, der Oberflächenbehandlung, der Verbinde- und Trennarbeiten von *H. Borchers*. 2. Auflage.
I: Aufbau der Metalle und Legierungen. 110 Seiten mit 2 Tabellen und 90 Abbildungen. 1950 . . . . Bd. 432
II: Eigenschaften. Grundzüge der Form- und Zustandsgebung. 154 Seiten mit 8 Tabellen und 100 Abbildungen. 1952 . . . . Bd. 433

Dynamik von *W. Müller*. 2., verbesserte Auflage.
I: Dynamik des Einzelkörpers. 128 Seiten mit 48 Figuren. 1952 . . . . Bd. 902
II: Systeme von starren Körpern. 102 Seiten mit 41 Figuren. 1952 . . . . Bd. 903

Technische Schwingungslehre von *L. Zipperer*.
I: Allgemeine Schwingungsgleichungen, einfache Schwinger. 2., neubearbeitete Auflage. 120 Seiten mit 101 Abbildungen. 1953 . . . . Bd. 953
II: In Vorbereitung . . . . Bd. 961

Hebezeuge von *G. Tafel*.
I: 2., verbesserte Auflage. 276 Seiten mit 230 Figuren. 1954 . . . . Bd. 414/414a

Wasserbau

Wasserkraftanlagen von *A. Ludin*. 2 Bände. 1955. In Vorbereitung . . . . Bd. 665/666

Verkehrswasserbau von *H. Dehnert*.
I: Entwurfsgrundlagen, Flußregelungen. 103 Seiten mit 52 Textabbildungen. 1950 . . . . Bd. 585
II: Flußkanalisierungen und Schiffahrtskanäle. 94 Seiten mit 60 Textabbildungen. 1950 . . . . Bd. 597
III: Schleusen und Hebewerke. 98 Seiten mit 70 Textabbildungen. 1950 . . . . Bd. 1152

Talsperren von *F. Tölke.* 122 Seiten mit 70 Abbildungen. 1953 Bd. 1044

Wehr- und Stauanlagen von *H. Dehnert.* 134 Seiten mit 90 Abbildungen. 1952 . . . . Bd. 965

Hoch- und Tiefbau

Die wichtigsten Baustoffe des Hoch- und Tiefbaus von *O. Graf.* 4., verbesserte Auflage. 131 Seiten mit 63 Abbildungen. 1953 . . . . Bd. 984

Baustoffverarbeitung und Baustellenprüfung des Betons von *A. Kleinlogel.* 2., neubearbeitete und erweiterte Auflage. 126 Seiten mit 35 Abbildungen. 1951 . . . . . . Bd. 978

Festigkeitslehre von *W. Gehler*† und *W. Herberg.*

I: Elastizität, Plastizität und Festigkeit der Baustoffe und Bauteile. Durchgesehener und erweiterter Neudruck. 159 Seiten mit 18 Bildern. 1952 . . . . Bd. 1144

II: Formänderung, Platten, Stabilität und Bruchhypothesen. Bearb. von W. Herberg und N. Dimitrov. Mit 94 Bildern. In Vorbereitung . . . . Bd. 1145

Grundlagen des Stahlbetonbaus von *A. Troche.* 2., neubearbeitete und erweiterte Auflage. 208 Seiten mit 75 Abbildungen, 17 Bemessungstafeln und 20 Rechenbeispielen. 1953 . . . . Bd. 1078

Fenster, Türen, Tore aus Holz und Eisen. Eine Einleitung zu ihrer guten Gestaltung, wirtschaftlichen Bemessung und handwerksgerechten Konstruktion von *W. Wickop.* 4. Auflage. 1955. In Vorbereitung . . . . Bd. 1092

Heizung und Lüftung von *J. Körting*† und *W. Körting.* 8., neubearbeitete Auflage.

I: Das Wesen und die Berechnung der Heizungs- und Lüftungsanlagen. 140 Seiten mit 29 Abbildungen und 18 Zahlentafeln. 1951 . . . . Bd. 342

II: Die Ausführung der Heizungs- und Lüftungsanlagen. 152 Seiten mit 165 Abbildungen und 7 Zahlentafeln. 1954 . . . . Bd. 343

SAMMLUNG GÖSCHEN / BANDNUMMERNFOLGE

1 Langosch, Der Nibelunge Nôt
3 vom Ende, Maschinenelemente
9 Marcard-Beck, Dampfkessel I
13 Lotze, Geologie
20 Hofstaetter-Spree, Dt. Sprachlehre
29 Brauns-Chudoba, Allg. Mineralogie
30 Eckert-Greifendorff-Kleffner, Kartenkunde
31 Brauns-Chudoba, Spez. Mineralogie
37 Klemm, Anorganische Chemie
38/38a Schlenk, Organ. Chemie
42 Behn, Vorgeschichte Europas
51 Bürklen-Ringleb, Mathematische Formelsammlung
59 Krahe, Indogerm. Sprachwiss.
61 Biehle, Redetechnik
66 Berneker-Vasmer, Russische Grammatik
70 Nestle, Griech. Literaturgesch. I
71 Schulze, Allgem. und physikalische Chemie I
76 Döring, Einführ. i. d. theoret. Physik I
77 Döring, Einführ. i. d. theoret. Physik II
79 Hempel, Gotisches Elementarbuch
80 Weigert, Stilkunde I
87 Witting, Differentialrechnung
88 Witting, Integralrechnung
101 v. Wiese, Soziologie
111 Hoffmann-Debrunner, Geschichte der griech. Sprache I
114 Hoffmann-Debrunner, Geschichte der griech. Sprache II
117 Brandenstein, Griechische Sprachwissenschaft
125 Vossler, Italienische Literaturgeschichte
136 Mahler, Physikalische Formelsammlung
141 Geitler, Morphologie der Pflanzen
142 Haack, Darst. Geometrie I
143 Haack, Darst. Geometrie II
145 Weimer, Geschichte der Pädagogik
146 Witting, Repetitorium und Aufgabensammlung zur Differentialrechnung
147 Witting, Repetitorium und Aufgabensammlung zur Integralrechnung
170 Oehlmann, Musik des 19. Jahrhunderts
173 Bruhns-Ramdohr, Petrographie
180 Böhm, Versicherungsmathematik I
184 Blümcke, Textilindustrie I
200/200a Gottschald, Dt. Rechtschreibungswörterbuch
210 Bruhns-Ramdohr, Kristallographie
220/220a Moser, Allgemeine Musiklehre
221 Jander-Jahr, Maßanalyse I
222 Hassak-Beutel, Warenkunde I
223 Hassak-Beutel, Warenkunde II
226 Hofmann, Geschichte der Mathematik I
228 Vogel, Landw. Tierzucht
230 Krieger, Bad. Geschichte
243 Mahler, Physikal. Aufgabensammlung
247 Hoppe, Analytische Chemie I
248 Hoppe, Analytische Chemie II
252 Dassler, Elektrochemie I
253 Dassler, Elektrochemie II
256 Haussner, Aufgabensammlung zur analytischen Geometrie der Ebene
257 Humburg, Die Gleichstrommaschine I
264 Lockemann, Geschichte der Chemie I
265 Lockemann, Geschichte der Chemie II
270 Kirn, Einführung in die Geschichtswissenschaft
279 Jacob, Quellenkunde der deutschen Geschichte I
280 Jacob, Quellenkunde der deutschen Geschichte II
281 Leisegang, Einführung in die Philosophie
284 Jacob-Weden, Quellenkunde der deutschen Geschichte III

319 Krug, Australien und Ozeanien
329 Scharrer, Agrikulturchemie I
335 Braun-Klug, Fette und Öle
336 Braun-Klug, Seifenfabrikation
342 Körting, Heizung und Lüftung I
343 Körting, Heizung und Lüftung II
344 Moser, Musikästhetik
352 Devrient. Thüring. Geschichte
354 Valentiner, Vektoranalysis
355 Neger-Münch, Nadelhölzer
356 Lüdemann, Fische
375 Preller, Geschichte Englands I
394/394a Schilling, Von der Renaissance bis Kant
414/414a Tafel, Hebezeuge I
422 Gottschald, Dt. Personennamen
423 Adler, Fünfstell. Logarithmen
432 Borchers, Metallkunde I
433 Borchers, Metallkunde II
439 Jaeckel, Würmer
440 Jaeckel, Weichtiere
445 Asmus, Physikal.-chemische Rechenaufgaben
452 Bahrdt-Scheer, Stöchiometrische Aufgabensammlung
468 Werkmeister, Vermessungskunde I
469 Werkmeister, Vermessungskunde II
483 Henglein, Lötrohrprobierkunde
492 Stolz-Debrunner, Geschichte der lateinischen Sprache
499 Niese, Autogen. Schweißen
500 Simmel, Hauptprobleme der Philosophie
521 Marcard-Beck, Dampfkessel und Feuerungen II
536 Lehmann, Kant
538 Rumpf, Archäologie I
539 Rumpf, Archäologie II
557 Nestle, Griechische Literaturgeschichte II
561 Matthes, Werkzeugmaschinen I
562 Matthes, Werkzeugmasch. II
564 Behn, Kultur der Urzeit I
565 Behn, Kultur der Urzeit II
566 Behn, Kultur der Urzeit III
571 Lehmann, Philosophie des 19. Jahrhunderts I
576/576a Moser, Gesangskunst
579 Müller-Schulze, Techn. Tabellen
585 Dehnert, Verkehrswasserbau I
589 Tochtermann, Maschinenzeichnen I
590 Tochtermann, Maschinenzeichnen II
594 Lengerken, Insekten
597 Dehnert, Verkehrswasserbau II
619 Buchwald, Kristalloptik
665 Ludin, Wasserkraftanlagen I
666 Ludin, Wasserkraftanlagen II
668 Knopp, Funktionentheorie I
691 Fauser, Kulturtechn. Bodenverbesserungen I
692 Fauser, Kulturtechn. Bodenverbesserungen II
698 Schulze, Allgemeine und physikalische Chemie II
703 Knopp, Funktionentheorie II
709 Lehmann, Philosophie des 19. Jahrhunderts II
711 Kesselring, Berechnung der Schaltgeräte
718 Neger-Münch, Laubhölzer
763/763a Beer-Meyer, Hebräische Grammatik I
764/764a Beer-Meyer, Hebräische Grammatik II
768 Bieberbach, Einführung in die konforme Abbildung
780 Krahe, Germ. Sprachwiss. II
781 Weigert, Stilkunde II
768 Schulze, Molekülbau
807 Kropp, Erkenntnistheorie I
809 Moser, Harmonielehre I
810 Moser, Harmonielehre II
826 Koch, Philosophie des Mittelalters
827 Schwaiger, Elektromotorische Antriebe
837 Baumgartner, Gruppentheorie
845 Lehmann, Philosophie im ersten Drittel des 20. Jahrhunderts
847 Herter, Lurche
857 Capelle, Griech. Philosophie I
858 Capelle, Griech. Philosoph. II
859 Capelle, Griech. Philosoph. III
862 Werkmeister, Vermessungskunde III
863 Capelle, Griech. Philosoph. IV
877 Knopp, Aufgabensammlung zur Funktionentheorie I

878 Knopp, Aufgabensammlung zur Funktionentheorie II
881 Humburg, Gleichstrommaschine II
902 Müller, Dynamik I
903 Müller, Dynamik II
910 Jaeger, Afrika I
911 Jaeger, Afrika II
917/917a Böhm, Versicherungsmathematik II
920 Hoheisel, Gewöhnliche Differentialgleichungen
929 Schirmer, Dt. Wortkunde
930 Krull, Elementare und klassische Algebra I
931 Hasse, Höhere Algebra I
932 Hasse, Höhere Algebra II
952 Schäfer, Transformatoren
953 Zipperer, Techn. Schwingungslehre I
961 Zipperer, Techn. Schwingungslehre II
965 Dehnert, Wehr- u. Stauanlagen
970 Baldus-Löbell, Nichteuklid. Geometrie
972 Herter, Tierphysiologie I
973 Herter, Tierphysiologie II
978 Kleinlogel, Baustoffverarbeitung und Baustellenprüfung des Betons
984 Graf, Die wichtigsten Baustoffe des Hoch- und Tiefbaues
1000 Jaspers, Geistige Situation
1002 Jander-Jahr, Maßanalyse II
1003 Hoheisel, Partielle Differentialgleichungen
1008 Mellerowicz, Allgemeine Betriebswirtschaftslehre I
1009 Bechert-Gerthsen, Atomphysik I
1014 Huttenlocher, Mineral- und Erzlagerstättenkunde I
1015/1015a Huttenlocher, Mineral- und Erzlagerstättenkunde II
1021 Niese-Dienst, Elektr. Schweißverfahren
1031 Apel, Philosophisches Wörterbuch
1033 Bechert-Gerthsen, Atomphysik II
1034 Kranefeldt, Therapeutische Psychologie
1039 Dovifat, Zeitungslehre I
1040 Dovifat, Zeitungslehre II
1044 Tölke, Talsperren
1045 Schubert, Technik des Klavierspiels
1057 Roth, Thermochemie
1059 Hoheisel, Aufgabensammlung zu den gewöhnl. und partiellen Differentialgleichungen
1061 Grodzinski, Getriebelehre I
1065 Haller, Von den Karolingern zu den Staufern
1070 Sauter, Differentialgleichungen der Physik
1078 Troche, Stahlbetonbau
1082 Hasse-Klobe, Aufgabensammlung zur Höheren Algebra
1084 Nusselt, Technische Thermodynamik I
1086 Müller, Dt. Dichten u. Denken
1088 Preller, Geschichte Englands II
1092 Wickop, Fenster, Türen, Tore,
1094 Hernried, System. Modulation
1096 Viëtor, Dt. Dichten u. Denken
1105 Hartung, Dt. Geschichte im Zeitalter der Reformation
1109 Knopp, Elemente der Funktionentheorie
1111 Naumann-Betz, Althochdeutsches Elementarbuch
1113 Strubecker, Differentialgeometrie I
1114 Schubel, Englische Literaturgeschichte I
1115 Ranke, Altnord. Elementarbuch
1116 Meissner, Englische Literaturgeschichte II
1121 Naumann, Dt. Dichten und Denken
1122 Feist, Sprechen und Sprachpflege
1123/1123a Bechert-Gerthsen, Atomphysik III
1124 Meissner, Englische Literaturgeschichte III
1125 Lehnert, Altengl. Elementarbuch
1127 Hartmann, Geschlecht und Geschlechtsbestimmung im Tier- und Pflanzenreich

1128 Buchner, Symbiose der Tiere mit pflanzl. Mikroorganismen
1130 Dibelius, Jesus
1131 Scholz-Schoeneberg Einführung in die Zahlentheorie
1132 Frühauf, Überspannungen und Überspannungsschutz
1134 Kuckuck, Pflanzenzüchtung I
1135 Lehnert, Beowulf
1136 Meissner, Englische Literaturgeschichte IV
1137 Heil, Entwicklungsgeschichte des Tier- und Pflanzenreichs
1138 Hämmerling, Fortpflanzung im Tier- und Pflanzenreich
1140 Unger, Induktionsmaschinen
1141 Koller, Hormone
1142 Meissner-Lehnert Shakespeare
1144 Gehler, Festigkeitslehre I
1145 Herberg, Festigkeitslehre II
1146 Humburg, Synchrone Maschine
1147 v. Waltershausen, Kunst des Dirigierens
1148 Pepping, Der polyphone Satz I
1151 Nusselt, Technische Thermodynamik II
1152 Dehnert, Verkehrswasserbau III
1153 Mellerowicz, Allgem. Betriebswirtschaftslehre II
1154 Mellerowicz, Allgem. Betriebswirtschaftslehre III
1155 Schwartz, Mikrobiologie I
1156 Meinke, Kompl. Berechnung der Wechselstromschaltungen
1157 Schwartz, Mikrobiologie II
1158 Mayrhofer, Sanskrit-Grammatik
1159 Jungbluth, Gießereitechnik I
1160 Dibelius-Kümmel, Paulus
1161 Kaestner, Spinnentiere
1162 Seidel, Entwicklungsphysiologie der Tiere I
1163 Seidel, Entwicklungsphysiologie der Tiere II
1165/1165a Bechert-Gerthsen, Atomphysik IV

AUTORENREGISTER

FSC
www.fsc.org
MIX
Papier | Fördert gute Waldnutzung
FSC® C083411

Zeitfracht Medien GmbH
Ferdinand-Jühlke-Straße 7
99095 Erfurt, Deutschland
produktsicherheit@kolibri360.de